世界の歴史を変えた
スゴイ物理学50

世界の歴史を変えた
スゴイ物理学 50

ジェームズ・リーズ

ゆまに書房

もくじ

はじめに

私たちの現在の暮らしにとって、物理学はとても重要だ。物理学によって非常に多くの素晴らしい成果がもたらされている。ちょっとした例をあげると、飛ぶことも、コンピュータも、宇宙で最も小さなものをぶつけてエネルギーを取り出すことも、物理学に基づいている。もちろん、ここまでの道のりは平坦ではなかった。1万年にも及ぶ努力の積み重ねによって、今の物理学ができている。

本書で紹介するのは、物理学にとって最も重要な50の出来事だ。古代ギリシャ人の思想から、ニュートンやアインシュタインなど偉人たちの研究、そして現在行われている最先端のわくわくするような実験まで、今の私たちの暮らしに影響を与えてきたものを集めている。項目を読み進めるうちに、これらの歴史的な出来事が互いにつながっていることに気づくだろう。すべての出来事は、科学的進歩という絶え間なく変化する物語のなかに織り込まれた、ある一つの点なのだ。物理学（そしてあらゆる科学）は、過去の科学者の取り組みの上に、自分たちの研究を積み重ねることで進歩している。

この本は決定版とは言えない。たとえ「500の瞬間」としてまとめたとしても決定版にはならないだろう。どの項目を選ぶかは主観による。しかし、この本で取り上げた項目は、いずれも物理学の進化に大きく貢献し、今もその影響が感じられるものばかりだ。

日付に関する注意

17世紀以前の多くの日付や年数は、有力な説に基づくものでしかない。あまり信頼できる資料がなく、日付が書かれていないものも多い。さらに、本書で参考にした資料でも見かけたが、1752年より前は、資料に2通りの日付が記載されることも少なくなかった。過去に使われていたユリウス暦は、1年をきっかり365.25日とする暦であり、後に使われるようになったグレゴリオ暦（1年を365.2425日とする）より不正確だった。教皇グレゴリウス13世（在位1572～1585年）の頃には、ユリウス暦による小さなずれが積み重なって10日に達しており、季節とのずれが分かるほどになっていた。この問題に対処するために、教皇は自らの名がついた新暦をつくらせた。だが、新暦の受け入れはなかなか進まなかった。例えばイギリスでの正式な導入は1752年であり、それ以前の資料はユリウス暦とグレゴリオ暦の両方が書かれることがあったのだ。本書では、できるだけグレゴリオ暦で記載している。

→ **宇宙の時代**：ハッブル宇宙望遠鏡（p168～169参照）などの新しいテクノロジーによって、初めて広大な宇宙の姿を見られるようになった。

歴史を変えた物理学者たち

名前	生没年	出身	優れた業績	ページ
アインシュタイン，アルベルト	1879 ～ 1955 年	ドイツ	相対性理論、量子力学、ブラウン運動、 質量とエネルギーの等価性	112 124
アリストテレス	紀元前 384 年頃～前 322 年頃	ギリシャ	アリストテレスの論理学	18
アルキメデス	紀元前 287 年頃～前 212 年	シチリア島	浮力の原理	22
イブン・アル＝ハイサム，アル＝ハサン	965 ～ 1040 年	バスラ（現イラク）	光の説明	32
オイラー，レオンハルト	1707 ～ 1783 年	スイス	オイラーの等式	64
ガイガー，ハンス	1882 ～ 1945 年	ドイツ	原子の構造解明につながる実験	116
ガリレイ，ガリレオ	1564 ～ 1642 年	イタリア	木星の衛星を発見	48
カルノー，サディ	1796 ～ 1832 年	フランス	熱力学を発展	82
グッドリック，ジョン	1764 ～ 1786 年	イギリス	セファイド変光星の解明	68
ゲーデル，クルト	1906 ～ 1978 年	オーストリア＝ハンガリー帝国	不完全性定理	134
ゲルマン，マレー	1929 年～	アメリカ	クォークの提唱	160
コペルニクス，ニコラウス	1473 ～ 1543 年	ポーランド王領プロシア	プトレマイオス体系に異議	36
シュレーディンガー，エルヴィン	1887 ～ 1961 年	オーストリア	シュレーディンガー方程式の提唱	140
ショックレー，ウィリアム	1910 ～ 1989 年	アメリカ	トランジスタの開発	146
ツヴィッキー，フリッツ	1898 ～ 1974 年	ブルガリア、スイス	ダークマターを提唱	136
ドルトン，ジョン	1766 ～ 1844 年	イギリス	原子論を発展	80
ニュートン，アイザック	1642 ～ 1727 年	イギリス	万有引力理論	54
バーディーン，ジョン	1908 ～ 1991 年	アメリカ	トランジスタの開発	146
ハイゼンベルク，ヴェルナー	1901 ～ 1976 年	ドイツ	不確定性原理の提唱	128
ハッブル，エドウィン	1889 ～ 1953 年	アメリカ	宇宙の一様な膨張を発見	132

名前	生没年	出身	優れた業績	ページ
ハミルトン，ウィリアム	1805～1865年	アイルランド	ハミルトン力学の構築	90
ハレー，エドモンド	1656～1742年	イギリス	ハレー彗星の回帰を予測	66
ファーレンハイト，ダニエル・ガブリエル	1686～1736年	ポーランド＝リトアニア共和国	基準となる温度目盛りの決定	58
ファインマン，リチャード	1918～1988年	アメリカ	ファインマン・ダイアグラムの作成	150
ファラデー，マイケル	1791～1867年	イギリス	電磁誘導の発見	86
プトレマイオス	100～170年頃	エジプト（おそらく）	地球中心モデル	26
ブラーエ，ティコ	1546～1601年	デンマーク	厳密で徹底した天体観測	40
ブラッテン，ウォルター	1902～1987年	アメリカ	トランジスタの開発	146
プランク，マックス	1858～1947年	ホルシュタイン公国	エネルギー量子仮説	108
ベル，アレクサンダー・グラハム	1847～1922年	イギリス	電話の製作	100
ボーア，ニールス	1885～1962年	デンマーク	線スペクトルの解明	120
ボルツマン，ルートヴィッヒ	1844～1906年	オーストリア	統計力学の創始	92
マースデン，アーネスト	1889～1970年	イギリス	原子の構造解明につながる実験	116
マイケルソン，アルバート	1852～1931年	ポーランド、アメリカ	エーテル仮説の反証	102
マクスウェル，ジェイムズ・クラーク	1831～1879年	イギリス	マクスウェルの方程式	96
モーリー，エドワード	1838～1923年	アメリカ	エーテル仮説の反証	102
ヤング，トマス	1773～1829年	イギリス	光のもつ波の性質を発見	76
ラザフォード，アーネスト	1871～1937年	ニュージーランド	複数の種類の放射線を発見	116
リッペルハイ，ハンス	1570～1619年	オランダ	望遠鏡の発明	44

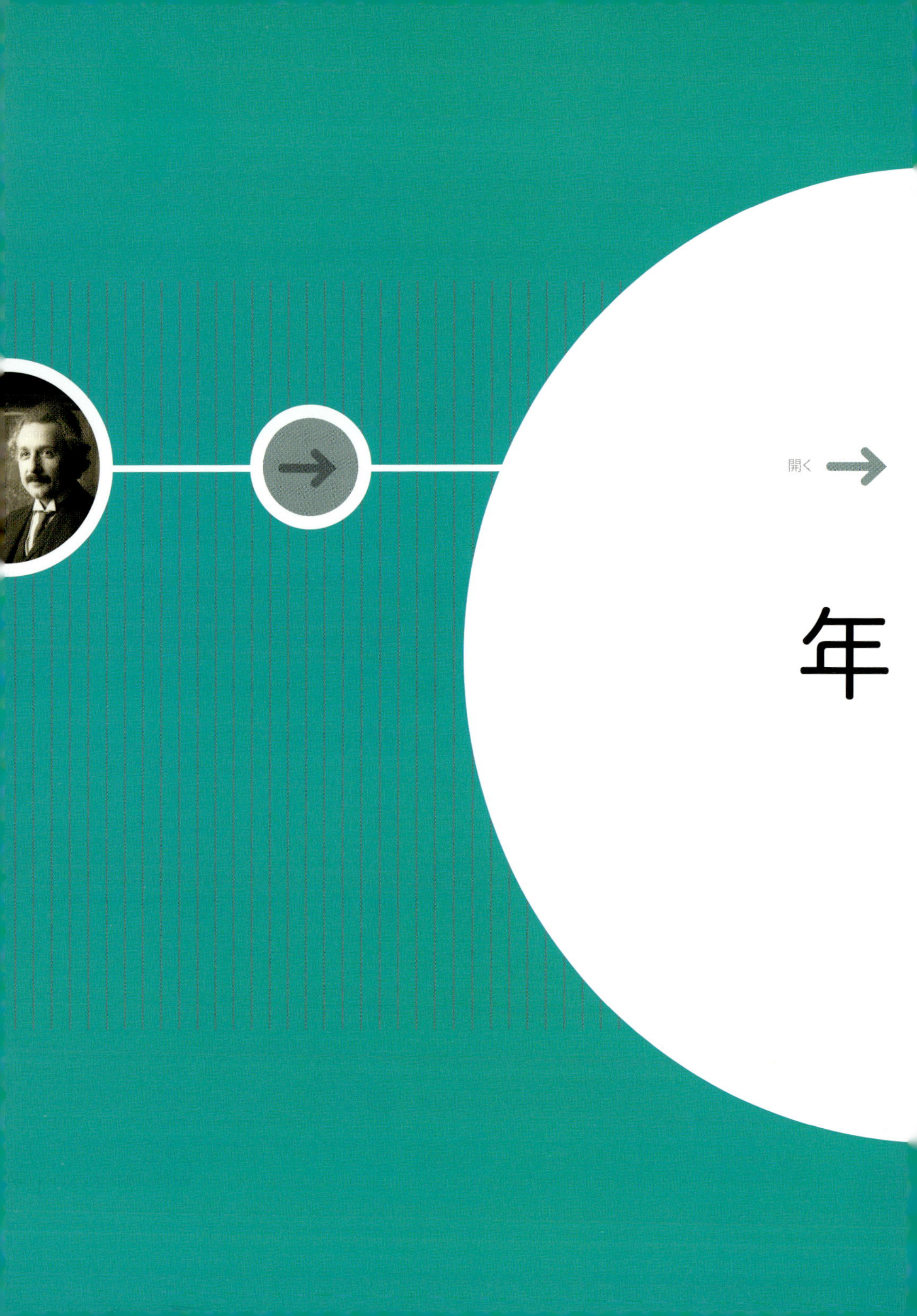
開く
年

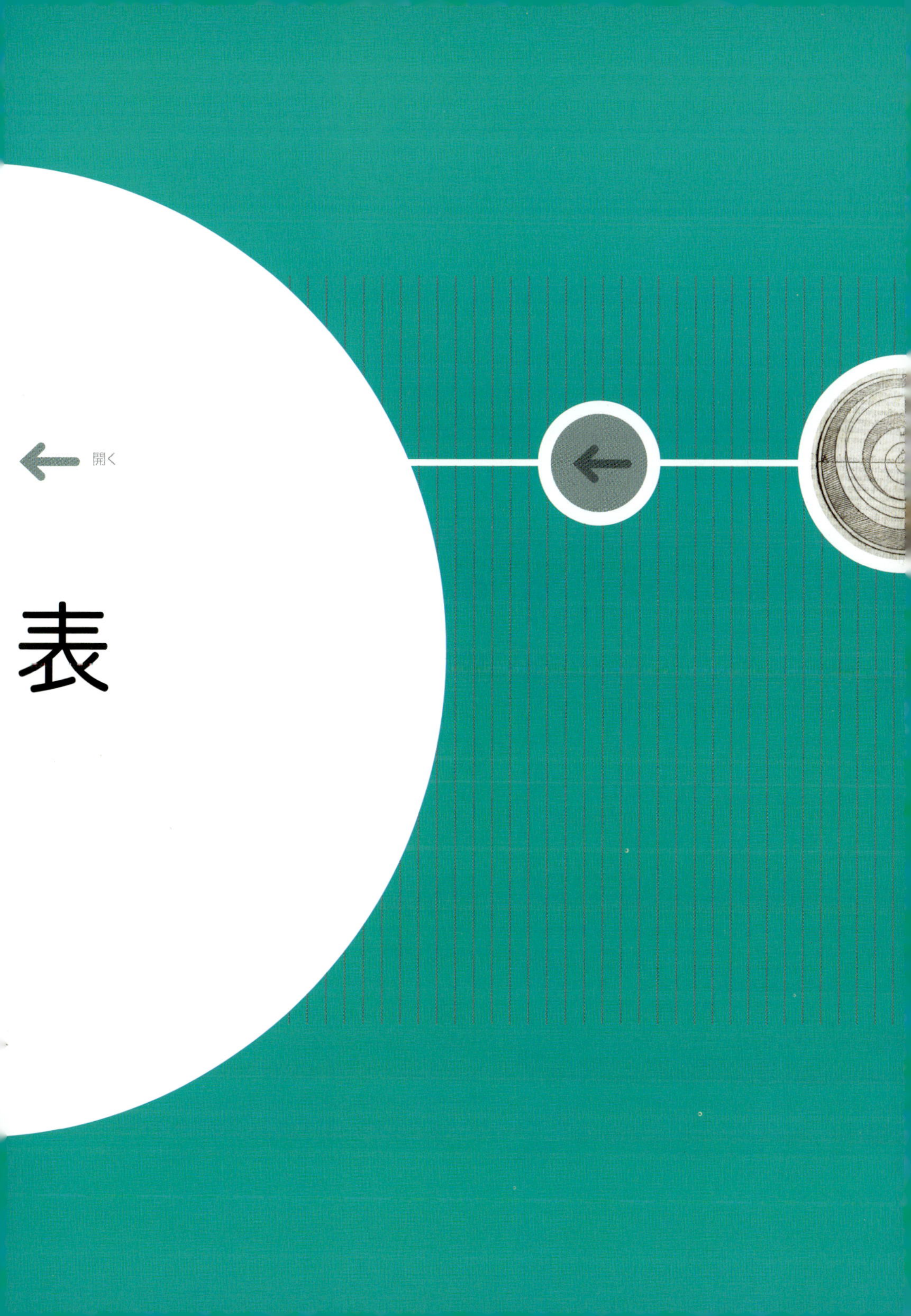
開く
表

1 古代

ウォーレンフィールドの暦がつくられる

古代の物理学は、その多くが天文学と関係している。晴れた夜空を見上げれば、その理由が分かるだろう。2013年にウォーレンフィールドの暦が発見され、それまで考えられていたよりも約5000年も早くから、人類が空の観測を始めていたことが分かった。

確かに、時間を知ることはとても大切だ。現代の私たちも、締め切りやスケジュールなどたくさんのことに追われて、時計をいつも気にしている。しかし1万年前には、時間が生死を分ける問題だった。どの季節に動物が移動し植物が実をつけるのか。狩猟や採集で食糧を得ていた当時の人々にとって、生き延びるために必須の知識だ。時計がないこの時代、時の流れを知る大事な方法の一つが夜空だった。

ウォーレンフィールドの暦とは、スコットランドのクラシズ城の近くで発見された12個の穴のことで、その穴は弧を描くような形で並んで掘られていた。月は平均約29.5日かけて右図のように満ち欠けをする。古代の人々は、ある決まった場所に立ち、穴の位置と月が出る場所とを見比べて、この29.5日間の月の動きを追っていたと考えられる。穴が12個あるということは、月の暦で何月なのかを知るために使われた可能性もある。月の位置と形を観察することで、1年のうちのどの日なのかが大体分かるし、もっと長い期間（その年の残りの日数など）を計ることもできただろう。

ただし、月を基準にした暦には難点がある。月の暦での1年は約354日だ

暦は紀元前2万5000年頃には存在した？

ウォーレンフィールドの暦は、知られる限りで世界最古の科学的創造物だ。ギザの大ピラミッドやストーンヘンジが建造されている頃、この暦はもうすでに古代のものであった。歴史を現在からローマ帝国最盛期まで遡って、そこからさらにその約4倍も前の時代につくられているのだから。しかし、もっと古い暦があった可能性もある。紀元前2万5000年頃の棒状の骨に刻まれた印や、紀元前1万5000年頃に描かれたラスコー洞窟の壁画の一部について、月の暦だとの説があるのだ。だがこれらの主張には反論も多く、一般にはウォーレンフィールドの暦が最古だと認められている。

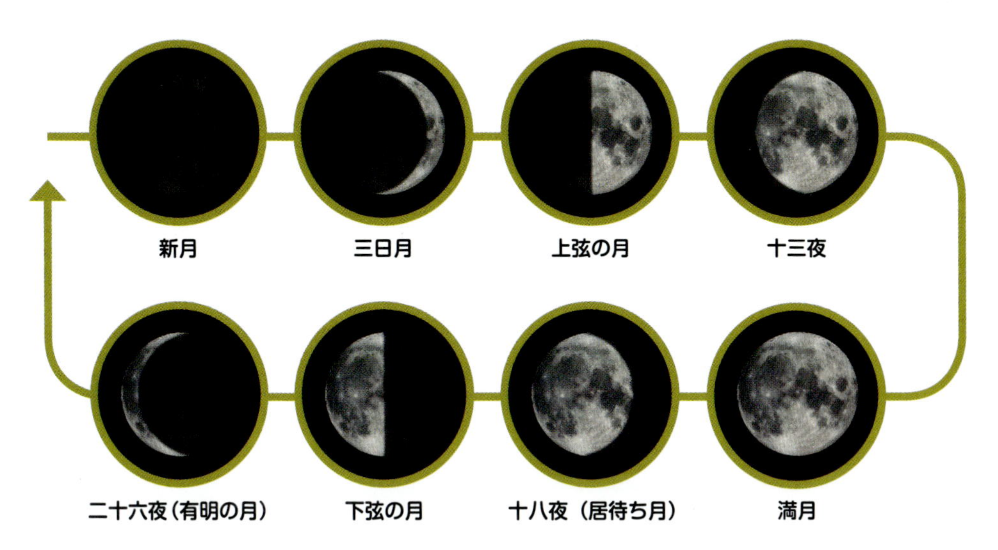

↑月の満ち欠け：中石器時代の人々は、ウォーレンフィールドの暦を使って満ち欠けの変化を追った。

が、自然の（太陽を基準にした）1年は約365.25日なのだ。翌年以降も大事な日が分かるようにと月の暦に印をつけても、実際の日はその印よりも後にやってきて年々その差が開いてしまう。つまり、暦と季節がずれてしまうのだ。毎年、暦を調整しないと、すぐに使いものにならなくなってしまう。ウォーレンフィールドの暦は科学的装置として最古のものと考えられているが、驚いたことに、「較正（こうせい）」が行われていた最古の例でもある。毎年、冬至の時期になると、日の出の位置を基準に12個の穴が掘り直された。暦を「リセット」して、翌年も正確に使えるように較正したのだ。

暦はなぜつくられたのか

ウォーレンフィールドの暦が何に使われていたのか、正確には分かっていない。決まった時期にやってくる魚や動物を獲るためにつくられたのかもしれない。宗教上の理由から、大切な日付を正確に知りたかったのかもしれない。天体の動きの意味を理解するための道具だった可能性もある。真の目的が何であれ、この暦から、古代世界に時間の概念や科学が生まれつつあったことがわかる。

さらに重要なのは、彼らがこれをつくったことだ。口伝えで知識を共有するという先祖伝来の方法に加え、黎明期の科学者たちは、科学的な装置をつくることで物理の発展における大きな一歩を踏み出した。今日までのあらゆる実験、発見と発明には、何らかの形の装置が必要とされる。ウォーレンフィールドの暦は知られているなかで最古の科学的装置（左ページのコラムを参照）として広く認められており、科学史上の重要な位置を占めている。

最古の天体記録『エヌマ・アヌ・エンリル』

夜空の意味を知ろうとしたのはバビロニア人が最初ではないかもしれないが、彼らは観測を宗教行為の中心にすえ、天を記述しようと努めた。その最初の記録が『エヌマ・アヌ・エンリル』という名で知られる粘土板のセットであり、初期の記録は紀元前 2300 年頃まで遡る可能性がある。

この 70 枚セットの粘土板の名前は、バビロニアの神のアヌとエンリルにちなんでつけられた（それぞれ空の神と風の神）。全部で約 7000 の記録が含まれている。これらの粘土板はバビロニアにおける聖書ともいえる。神の意図を解釈し、天体現象を記録したものだからだ。

過去の天体現象の歴史的データが得られる貴重な記録であり、最近の現象を理解するための参考にもなる。また、口伝えでは漏れてしまうような地味で目立たない現象を何世代も後の学者に伝えるという点でも役立った。この記録法の主な目的は占星術の占いであったが、これが天文学の基礎となった。『エヌマ・アヌ・エンリル』の内容の大部分は現在では断片としてしか残っておらず、楔形（くさびがた）文字から完全には翻訳されていない。

月の動きを記録した粘土板が複数あり、月食を予測しようとしたものさえある。太陽に関することを記した粘土板は、その多くが壊れているか失われてしまった。惑星や恒星に関する部分の翻訳は、いくぶん信頼できない点はあるが、星々の動きを予測しているようであり、アストロラーベ（天体の地平線からの高度を計算する測定器）を使って天体を発見する方法や、星表まで残っている。

重要なのは、『エヌマ・アヌ・エンリル』のセットは 1 つだけではないという点だ。象牙板 16 枚セットという豪華版など、何通りもつくられており、知識を共有するために王国の各地に送られた。歴史上か

世界初の星表

バビロニア人は、星座や個々の恒星、惑星などの一覧表である星表を初めてつくった。いくつかある星表のうち最も重要なのが『Three Stars Each（三星ずつ）』（＊訳注：12 カ月 3 個ずつの星を挙げた、計 36 個の星の一覧）と『ムル・アピン』である。これらの初期の星表には現在の星座の多くが含まれ、例えば黄道帯など重要な基本構造をすでに備えていた（ただし黄道には 12 星座よりも多くの星座があった）。これらのバビロニアの星表は、後にギリシャやエジプトで取り入れられて、天文学の基礎の大部分を形づくることとなった。

なり早い時期に、科学的知識が王宮や神殿に独占されるものではなくなっていたのだ。

天体現象を毎日記録する

星の位置の厳密な測定から、NASAの観測衛星SOHOによる太陽観測まで、天体を毎日記録することは今では普通のことである。しかしバビロニア人こそ、次のような形で、天体現象を毎日記録し始めた人々だった。

97の年、9の月、1[3番目？……]の夜、観測；
老人の明るい星が最高点に達した、
月食；東側より始まる、
夜の21にすべてが覆われる；
夜の16に皆既；現れ始める、
夜の19に東と北から西へと現れる？；56開始、皆既、
[そして現れ]始める；日が没して半ベル（＊訳注：1時間）の後。
[……]月食；月食の間、シリウス

分かりやすくいうと、「97年の9月の第13夜（バビロニアの暦での日付）、夜空では『老人』という星座がその最高点に達し、月食があった」ことが記録されている。

日々、このような記録が残された。今日の天体観測の記録と同じく、雲や雨のため観測ができなかったことしか記されていない日も多い。例を挙げよう。

↑**金星の記録**：『エヌマ・アヌ・エンリル』の63番目。金星の出没が21年間にわたり記録されている。

14の夜、日没より月の出：8°　20′、曇り空、見えず、一面の雲。14の日、一日中雲が空を覆う。15の夜、雲が空を覆う、弱い雨。

アリストテレス、物理学の基礎をつくる

今日、科学で推論や論理を用いるのは当然だと考えられている。しかし古代ギリシャの時代にはそうではなかった。あらゆるものの根源にあるのは、形、善、悪といった概念であり、さらに「神々のご意思」という今もよく聞く説明がなされていた。ところがその状況は、アリストテレス（紀元前 384 年頃～前 322 年頃）と彼の教えによって一変した。

アリストテレスはプラトンの弟子だったが、紀元前 347 年にプラトンが亡くなってから、マケドニア王国に移りアレクサンドロス大王の教師となった。そしてこの地で、経験論的な研究を始めた。その後アテネに戻り、リュケイオンという学校を開設する。

アリストテレスは著作で論理に関する独自の方法論を展開している（三段論法とも呼ばれる）。演繹的な推論の形をとるこの論法は、19 世紀末まで主流であった。特に傑出した著作が『オルガノン』だ。全 6 巻のこの本では、彼の論理に関する考えが詳しく説明されている。プラトンの弟子、アレクサンドロス大王の教師という経歴の助けもあって、大変な人気を博すこととなった。

アリストテレスは、無矛盾律と排中律という法則も説明している。無矛盾律とは、どんな命題も「正しい」と「間違い」が同時には成り立たないことであり、排中律とは、命題は「正しい」か「間違い」かのどちらかでなければならないことである。あたり前だと思うかもしれないが、古代ギリシャ人にとってはそういい切れなかった。神秘主義的で神の意思を信じる世界では、物事が「正しい」と同時に「間違い」の場合もあったし、「正しい」と「間違い」の中くらいということもあったのだ。

アリストテレスの三段論法

アリストテレスの論理の中心は三段論法であり、これは演繹的推論の一種である。簡単にいうと、演繹的推論では複数の前提から結論が導き出される。三段論法では、どの前提も正しければ結論も正しいことになる。有名な例を挙げよう。前提は次の 2 つだ。

すべての人間は必ず死ぬ。
ソクラテスは人間である。

この 2 つの前提から、次の結論が導かれる。

ソクラテスは必ず死ぬ。

本当に何の知識もないとすれば、ソクラテスが必ず死ぬ存在なのか不死なのかを断じるのは不可能だ。しかし、2 つの前提によると、彼は人間であり、すべて

→ **最初の教師**：1637 年に描かれたアリストテレスの肖像画。さまざまな分野で非常に大きく貢献したことと、アレクサンドロス大王の教師となったことから、「最初の教師」と呼ばれることが多い（＊訳注：日本では「万学の祖」との呼び名でも知られる）。

の人間は必ず死ぬのである。そしてこれらが両方とも正しいことを認めれば、彼が確かに必ず死ぬという推論が成り立つ。この種の論理が美しいのは、前提が正しければ（その証明は思うよりも簡単ではないが）、結論も正しくなくてはならないという点だ。これ以外の知識や推論がなくても、正しい結論を導き出すことができる。

この考え方は、「ソクラテス」や「必ず死ぬ」といった特定の言葉を使わない形へと一般化できる。

あらゆるAはBである。
あらゆるCはAである。
ゆえに、
あらゆるCはBである。

A、B、Cに何を入れてもかまわない。最初の2つの前提が正しければ、3番目の文も正しいはずである。この形の論理には非常に大きな利点がある。知っている事柄を使って、知らない事柄についての正しい結論を導き出せるのだ。今ではあたり前のことだと思うかもしれないが、当時は大発見だった。

アリストテレスは帰納的推論にも取り組んだ。帰納的推論とは、個々の前提を使って普遍的な結論に達するというものだ。例を挙げよう。

この銅の棒は金属であり電気を通す
この鉄の棒は金属であり電気を通す
この鋼鉄の棒は金属であり電気を通す
ゆえに、
あらゆる金属の棒は電気を通す

帰納的推論は役に立つ手法だが、真実を導き出すための絶対確実な手法ではない。例えば、「自分のもつ金属棒はすべて硬い、ゆえに、あらゆる金属は硬い」と結論づけることになってしまう。しかし水銀のように室温で液状の金属もあることから、この結論は間違っていることが分かる。また、金属は特定の温度で液状になるという事実からも、結論の誤りは明らかだ。このため、アリストテレスは、帰納的推論は論理の形式としては二番手だとみなした。しかし、帰納的推論は今でも広く用いられており、特に、実験をする前に結果に対して合理的な仮説を立てる際によく使われている。

経験論の登場

経験論とは、すべての知識は感覚から得られる経験に基づくという理論であるが、アリストテレスの時代には、プラトン主義と相いれないものだった。プラトン主義では、身体的領域や精神的領域、さらには神の領域など、知識はさまざまな領域に分けられていた。しかし、経験論の登場により、実体があって測定や実験が可能なものへと焦点が移った。現在の私たちが知識をどう捉えているか、その根本にあるのはこの経験論である。

経験論が哲学の主要な分野として確立されたのは、17世紀から18世紀になってからだ。しかし、それ以前においても、ほとんどすべての科学は経験論的な考えに根ざしており、それはアリストテレスの功績に基づいている。

アリストテレスの教えの広がり

アリストテレスは生涯にわたり、天文学から動物学まで、ほとんどありとあらゆる知識分野での研究を行い、それぞれ

の分野を大きく発展させた。彼が創立したリュケイオンにより、アテネは西洋における学問の一大拠点へと成長した。

アリストテレスの思想はそれ以降も生き延びた。後の世代のギリシャ・ローマの思想家たちもアリストテレスの論理的手法を用いた。イスラム黄金時代（750年頃～1250年頃）には、偉大な西洋の思想家として尊敬され、「最初の教師」と呼ばれることも多かった。中世（400年頃～1400年頃）の哲学の大部分は、アリストテレスの研究を少しずつ発展させようとする取り組みだったし、啓蒙時代に入ってそれまでの哲学が覆されてからも、彼の著作は著名な思想家に影響を与え続けた。

アリストテレスの論理は、物理学や他の科学が進歩する土台となった。経験に基づいて前提を立て、試験と検証を行い、結論に達するという原則は、あらゆる実験法のまさに基本である。現在の基準からすると、アリストテレスの論理には欠陥もあり、論理が破綻しうる部分も多々ある。また、とても強力な手法とはいえ三段論法に頼りすぎているため、利用が限られてしまう。こういった問題があるにせよ、アリストテレスは今でも史上最高の哲学者の一人と考えられており、「論理学の父」と呼ばれることも多い。アリストテレスの業績がなければ、今の科学はなかっただろう。

↑ **影響の広がり**：イスラム教徒ジャービル・イブン・ハイヤーン（721～815年）が描かれた版画。エデッサの学校でアリストテレスの研究を教えているところ。

アルキメデス、物理現象を数学で説明

アルキメデス（紀元前 287 年頃〜前 212 年）の逸話を知っている人は多いと思うが、あれが実話かどうかは怪しい。実際には、裸で「エウレカ！」と叫びながら表通りを走りはしなかったかもしれないが、アルキメデスが初期の物理学にとても大きな影響を与えたことは確かだ。彼の業績は、数学の簡単な応用によるものが多かった。

アルキメデスの個人的な生活について、詳細は分かっていない。生まれはシチリア島で、天文学者だった父親のペイディアスは、シチリア島シラクサの王と何らかの関係があったらしい。しかしそれ以上のことは、アルキメデスの業績と科学への貢献を通して伝わるだけだ。

アルキメデスについて最もよく知られているのは、つくり話の可能性もあるが、王様と王冠の話だろう。紀元前３世紀の中頃に、王様が金細工師に金塊を渡して王冠をつくるよう命じた。王冠はできたものの、金細工師が王冠に銀の混ぜものをして金を盗んだのではないかと王様は疑った。王様としては王冠に傷をつけずに混ぜものがされたかを確かめたい。偉大な数学者のアルキメデスを呼んで、よい方法はないかと尋ねた。アルキメデスは何週間も頭を悩ませたが、よい考えが浮かばずストレスは増すばかり。そこで召使に風呂の用意をさせた。浴槽いっぱいに張られた湯にアルキメデスがつかると、湯があふれ出した。湯につかった体と同じ量の湯を押しのけたと考えて、すぐに、同じ方法で王冠の体積を計算できることに気がついた。王冠の体積が分かれば、その密度が分かり、100％の金かどうかが分かるはずではないか（金は銀より密度が高いので、もし銀の混ぜものがあれば王冠の密度が低くなっているはず）。

突破口を見つけて大興奮のアルキメデスは、風呂から飛び出て「エウレカ！（分かったぞ！）」と叫びながら裸で表通りに飛び出したといわれている。話の終わりには、実験によって王冠には銀が混ぜられていたことが判明し、金細工師はすぐに処刑されたとされる。すべてがハッピーエンドとはいかないのだ。しかし、これが実話である可能性は低い。アルキメデスの著作ではまったく触れられていないし、この当時に、密度の変化を計算できるほどの精度で体積を正確に測ることができたとは考えづらい。

←**つくり話かもしれない逸話**：16 世紀につくられたアルキメデスの版画。記憶に残る逸話があれば、科学者の歴史上の地位が確固たるものになるという好例。

アルキメデスの原理

だが、アルキメデスが押しのけられる水の量について研究をしていたのは本当だ。著作の『浮体について』で、アルキメデスの原理として知られる内容を説明している。

どんな物体でも、その全体または一部が液体につかっているとき、その物体に押しのけられた液体の重さと同じ大きさの力によって押し上げられる。

これを別の形で表現すると、「液体（水など）の中の物体は、押しのけた液体の重さの分だけ軽く感じられる」となる。水に体を浮かべたり、重いはずのものをプールの底から軽々と拾い上げたりした経験はないだろうか。そのときに感じる効果がこれだ。この洞察から、アルキメデスは見事なことをしてのけた。この効果を説明する式をつくったのだ。現代風に書くとこうなる。

$$W_o - W_d = W_a$$

W_o は物体の元の重さ、W_d は押しのけた液体の重さ、W_a は液体中にある物体の見かけの重さである。この式を使って、アルキメデスが王冠の問題を解決した可能性はある。

王冠と、同じ重さの金を天秤の両端にぶらさげておく。天秤の下に水を満たした容器を用意する。天秤の位置を下げて、王冠と金を水に沈める。2つの物体の密度に差があれば、見かけの重さに差が出る。王冠が純金製でなければ、天秤は傾くはずだ。

アルキメデスは、物理現象の説明に数学を使った最初の一人だった。ご存知の通り、現在の物理学は、ほぼあらゆる事柄を極めて精密に説明する式であふれている。ここで見たように、このテクニックを最初に使ったのがアルキメデスであり、流体静力学（動かない流体の研究）という分野も生み出したのだ。

偉大なる発明家

アルキメデスの功績は多い。例えば、無限級数の発見（現代の微積分学を先取りしている）、球や円柱の体積の計算、放物線の記述などを行った。また、数多くの発明をしたことでも知られている。

彼が発明した「アルキメディアン・スクリュー」は、筒の中にらせん状に板が設置されていて、筒を回転させることで液体を汲み上げる装置だ。非常に役立つ発明で、灌漑や、鉱山や畑の排水など、古代に広く用いられた。ただこの仕組みは、これ以前にバビロンの空中庭園に水を行き渡らせるために用いられていた可能性もあるという。基本的な仕組みは現在も使われており、コンバイン収穫機や水処理工場、そしてチョコレート・ファウンテンにまで応用されている。

アルキメデスの最も興味深い発明は、第二次ポエニ戦争（紀元前218～201年）で、共和政ローマからシラクサの街を防衛するための兵器として設計されたものが多い。シラクサ包囲戦では、都市への補給線を断つための海上封鎖が集中的に行われた。投石機や大型弩砲（どほう）を改良して精度と威力を高めていたアルキメデスだが、新たな技術も必要だと考えた。

最初の発明は「アルキメデスの鉤爪（かぎづめ）」である。天秤型の投石機に似た形の、以下のような巨大装置である。長いアーム

「地球を動かしてみせよう」

アルキメデスは浮力についてだけでなく、テコの数学的原理の研究も行った。到底動かせないような重い物でも、テコを使えば動かせることは昔から知られていた。アルキメデスは法則を式の形で示したが、現代風に書くとこうだ。

$$F \times D = T$$

ここで、Fはテコを押す力、Dはテコを押す点から支点までの長さ、Tは支点に生じるトルク（回転する力）である。この式から、テコを押す点から支点までの距離が長いほど、より効果が大きくなることが分かる。一輪の手押し車で車輪が先頭についているのも、ドアのノブが蝶番（ちょうつがい）から遠い側についているのも、支点までの距離を長くするためだ。テコの効果が普遍的でとても強力であることを示す、アルキメデスの言葉が残っている。「私に足場を用意してくれれば、地球をも動かしてみせよう」。とても長いテコと、テコを押す場所があれば、地球を動かせるというのだ。この言葉は正しいが、簡単にテコの長さを計算してみよう。まず、地球の重さは約5.97×10^{24} kgである。アルキメデスの体重を70 kgとして、それぞれをテコの両端に載せる。テコの支点から1mの点に地球が乗っているとすると、両者のトルクが釣り合うためには、アルキメデスは地球から8.53×10^{22}m 離れた場所に立つ必要がある。それは約900万光年のかなたなのだ！　これは地球から最も近いアンドロメダ銀河までの3倍半以上の距離である。

の先の鉤で敵艦を引っ掛ける。反対側の短いアームには重荷を載せている。こちらを下向きに動かせば、少なくとも理論上は、長いアームで船を跳ね上げることができる。船員を振り落とすか、船を壊して沈没させるのが目的だ。もう一つは、「死の光線」という、誤解を招きそうな名前で呼ばれる発明だ。これは、複数の鏡を並べて、太陽の光を反射させて敵艦に集めるというもので、実際に火災を起こしたと伝えられている。しかし、その実用性は疑わしい。むしろ、船員の目をくらませて、海岸線をはっきり見えないようにして戦力をそぐという目的で使われた可能性が高い。

しかし、アルキメデスの努力もむなしく、ついにシラクサはローマの手に落ちた。アルキメデスを殺すなとの命令が出されていたが、自宅で殺されてしまう。シラクサは、街も城も占拠され、徹底的に略奪され破壊されたのだった。

プトレマイオス、
地球を全宇宙の中心にすえる

プトレマイオス（紀元100年頃～170年頃）の時代、多くの人は地球が宇宙の中心にあると考えていた。しかしプトレマイオスは、皆がそういうからといってそのまま納得はせず、数学的な根拠を探し求めた。その過程で彼がつくり上げた天体の予測の体系は、その後1000年以上も用いられることとなった。

黎明期の科学を形づくり、歴史的に重要な役割を果たしたプトレマイオスだが、彼についてはほとんど分かっていない。ローマ帝国統治下のエジプトで暮らしていたようだが、彼の著作物や、バビロニアの記録を活用した点からみて、ギリシャの家系の出身だといわれている。しかし、エジプト人であったとか、それも王族の出自だとの説もある。

地球が宇宙の中心だという説を唱えたのは、プトレマイオスが最初ではない。アリストテレスをはじめ、プトレマイオスに先立つ偉大な思想家の多くは、地球が宇宙の中心だと考えていた（「地球中心の」は英語で「ジオセントリック」というが、「ジオ」の語源はギリシャ語の「大地」である）。ギリシャだけでなく、世界各地の神話や宗教で共通して見られる宇宙観だった。プトレマイオスは、バビロニアとギリシャの学者が何世紀もかけて研究してきた知識と発想と情報を統合して、形の整ったモデルをつくり上げた。このモデルは、すべての中心に地球があるとするだけでなく、その証明に幾何学と計算が使われていた。

『アルマゲスト』をはじめとするプトレマイオスの著作は、当時の作品が現在にまで伝えられた数少ない例である。初期のギリシャの三角法とその創案者たち、例えば数学に大きく貢献したヒッパルコスらについての一次資料として、その重要性を増している。しかし、プトレマイオスの著作の多くは中世ヨーロッパの暗黒時代にいったん姿を消している。12世紀頃に再発見されラテン語に翻訳されることで、再び表舞台に登場したのだ。

天動説が当然とされた理由

熱心な観察者でなければ、すべての天体が地球の周りを回っていると考えても不思議はない。太陽も星も惑星も空を横切って動いて見える。足元にある大地が回転しているとは感じられないので、他の天体が動いていると考えるのは当然だ。2世紀には地球は丸いと考えられていたので、他の天体も当然球形だと仮定された。こういった考えと、天体が空を横切って私たちの周りを回っているように見えるという観察から、あらゆる天体が地球の周りを回っていると結論されたのは自然な流れだった。さらに、見たところ宇宙は変化する様子がないことも裏づけと

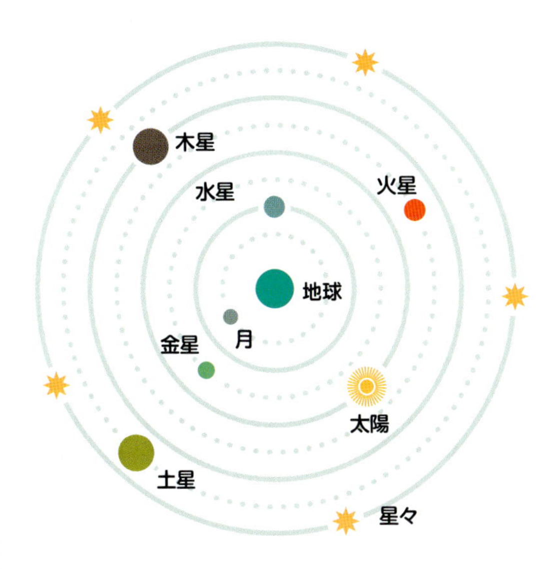

⊡天上の球面：プトレマイオスが著作『アルマゲスト』で示した天球図。どの星も「天空の」球面上に配置されていることに注意。

なった。何年経っても星座の形は変わらず、星図のなかの決まった場所に鎮座している。もし地球のほうが動いているのなら、星の位置が変わるはずなのに。

この地球中心のモデル（天動説）には、より高次の正当性もあった。オリュンポスの山頂に住まう神々である。全宇宙は神々の周りを回るのだから、地球の周りを回るのは当然ではないか。宗教によるこの説明こそ、天動説がこれ以後長く続いた要因である。天動説は多くの宗教、特にキリスト教のさまざまな宗派に取り入れられ、神から見た人間の重要性を示す大切なシンボルとなった。この宇宙観に異を唱える者は、皆、猛反発を受けることとなる。例えば、コペルニクス（p36～39参照）やガリレオ（p48～51参照）がそうだった。

プトレマイオスの体系がしっかりと機能していたことも忘れてはならない。中世を通して、プトレマイオスのモデルは、天体の運動と位置の正確な予測に役立った。プトレマイオスの存命中も、別の体系がいくつも提唱されたが（なかには太陽中心の体系もあった）、プトレマイオスのモデルのほうが天体の動きをよりよく説明できたのだ。彼のモデルの深刻な問題が現れるのは、これよりずっと後のことである。

プトレマイオスの地球中心モデル

プトレマイオスが地球中心モデルを展開した『アルマゲスト』（『数学大集成』とも呼ばれる）は13巻からなり、各惑星の動きから昼の長さにいたるまであらゆることが取り上げられている。第1巻で、プトレマイオスは次の5つの主張を掲げた。

1 地球は球形である
2 地球は宇宙の中心にある
3 地球は動かない
4 恒星はある1つの天球上（恒星天と呼ぶ）にあり、恒星天は固い球面として動く
5 恒星天に比べると地球は極めて小さいので、点として扱わねばならない

これらの主張に基づいてプトレマイオスは自らの宇宙論を展開し、地球の周りに次の順番で各天体を円軌道上に配置した。

1 月
2 水星
3 金星
4 太陽
5 火星
6 木星

10
20
30
40
50
60
70

7 土星
8 恒星天（すべての恒星）

しかしこれは、完全な描像ではない。単なる円軌道として配置するとすぐにつじつまが合わなくなり、モデルは使いものにならなくなる。

そこでプトレマイオスは、元の地球中心の円軌道を「従円」と呼び、この大きな従円の上に中心をもつ小さな円（「周転円」）を考えて、惑星がその円の上を回っていると述べている。このアイデアはすでにヒッパルコス（三角法の発明者、プトレマイオスの業績の多くは彼の研究をもとにしている）たちが示したものであったが、惑星の細かい動きまでは説明できなかった。

プトレマイオスの素晴らしい貢献は、「離心円」というアイデアを追加したことだ。地球中心のモデルに対して、惑星の軌道の中心は地球ではなく少しずれた点にあると仮定したのだ。それによって、惑星の奇妙な動きも説明できた。プトレマイオス以降、地球中心モデルに取り組んだ者は、こういった「軌道内の軌道」を使ってさまざまな天体現象や観測結果の矛盾を説明することが仕事となった。

『アルマゲスト』には、1022個の星の詳細な星表が載せられており、48の星座が記されている。これがギリシャの標準となり、現在使われる88星座にも組み込まれることとなった。この星表も星座もヒッパルコスの著作から引き写されたという説もあるが、真偽は不明である。

地球中心モデルの問題点

卓越したモデルではあったが、誰からも受け入れられたわけではない。彼の数学の多くを認めず、約400年も前にサモス島のアリスタルコスが唱えた太陽中心説（地動説）に賛同した思想家もいた。たくさんの円環や軌道からなるプトレマイオスのモデルは複雑すぎたのだ。

プトレマイオスの地球中心モデルで、太陽中心モデルより優れていると思われる部分でさえも、アリスタルコスをはじめとする人々によってすでに説明されていた。例えば、恒星が動かない理由は地球中心モデルで説明がつくが、単純に恒星までの距離が非常に大きいので動かないように見えるだけだというのだ。また、プトレマイオスは、火星などの惑星がときに逆行するジグザグの運動を説明するために、従円と周転円、さらには離心円といった複雑な仕組みをモデルに組み込んだ。これらの巧妙なアイデアによって現象をうまく説明できたものの、モデルの単純さという点では、太陽中心モデルより圧倒的に劣っていたのだ。

そして、何より困った問題は、15世紀から16世紀になると、安物の時計が数秒から数分、数時間と遅れてしまうように、このモデルによる予測が外れ始めたことだ。船乗りは位置を知るための新しい方法が必要となり、今も使われている経度を使う仕組みが整えられた。状況ははっきりしている。プトレマイオスのモデルは非常によく働いてくれていたが、新しいモデルが必要な時期がついに来たのだ。

← **受け継がれるもの**：1584年に描かれたプトレマイオスの肖像画。彼の宇宙観は18世紀後半まで広く影響を及ぼし続けた。

2 科学革命

イブン・アル＝ハイサム、光の性質を正確に説明

アル＝ハサン・イブン・アル＝ハイサム（965 ～ 1040 年）は、光の性質や視覚の原理を世界で初めて正確に説明した科学者だ。また、世界初の理論物理学者だといってもさしつかえないだろう。彼の研究は、世界を変える科学革命の先がけだった。

イブン・アル＝ハイサムは、現在のイラクの都市バスラで生まれた。若いうちにカイロへと移住し、科学を庇護したカリフ（イスラムの最高指導者）の援助を受けた。

数学や幾何学、天文学など、さまざまな分野の研究に取り組んだが、イブン・アル＝ハイサムの最大の功績は『光学の書（Kitab al-Manazir）』という著作である。全 7 巻で、光について、また人間が光をどのように感知するかについて論じている。大部分は、目が光を感知する仕組みに焦点が当てられているが、1 巻と最終巻では、平行な光線の集まりとしての光の性質が正しく描写されている。厳密には正確でない説明も見受けられるが、光の屈折（異なる物質に入射したときの光の変化。水にスプーンを入れると水面で折れて見える現象と同じ）が説明され、物体が光を発することもあれば他の物体からの光を反射することもある、という考えが述べられている。

無二の物理学者

イブン・アル＝ハイサムは、ほぼ間違いなく、初めて科学的手法を使った先駆

軟禁状態でなされた研究

カイロに移って間もない頃、イブン・アル＝ハイサムは、毎年起きるナイル川の洪水を工学的に治める方法を提案したといわれている。そしてカリフの許可を得て治水事業に着手した。この事業には、現在のアスワン・ハイ・ダムと同じ場所でのダム建設も含まれていた。しかし、彼は、自分が活用できる技術と資源ではこの事業を達成できないことに早々に気がついた。カリフの怒りを恐れて正気を失ったふりを始め、カリフが亡くなるまで自宅に軟禁されたという。物理学における主な研究の大部分は、彼が外に出られなかったこの時期に行われた。

→最初の物理学者：イブン・アル＝ハイサムの肖像画。イスラム黄金時代の最も偉大な教師であり、おそらくは最初の理論物理学者でもあった。

者だ。この手法が十分に成熟するのにその後500年もかかっている。何気ない観察や同時代の学者の研究をもとにして、堅実な数学的理論を立てて、その理論を検証するためのさまざまな実験をデザインした。例えば、ある実験では、穴の大きさを変えて通り抜ける光の強さを測定したが、少ない回数の測定で終わらせることなく、複数の設定値で測定を行うシステマティックな方法を考案した。さらに、測定を何度も繰り返すことで信頼性を高めもしたようだ。両方とも、今ではほとんどの実験で使われる標準的な技法となっているが、当時は他に類を見ないものだった。

もちろん、イブン・アル＝ハイサムの手法には欠点もあり、その真価がすぐに理解されたわけではないが、その実験の正確さと、残っているだけでも45冊という著作で扱われた題材の幅広さによって尊敬を集めるようになり、科学はかくなされるべしという彼の考え方が少しずつ影響力をもち始める。その方法論は世界中に広がり、ガリレオやアイザック・ニュートン卿のような思想家が彼の科学的手法を取り入れて発展させた。アル＝ハイサムは、その業績の重要性から、16世紀の半ばまで「第2のプトレマイオス」あるいは「無二の物理学者」と呼ばれることも多かった。

ポストゥムス、アラビア数字を使う

ラディスラウス・ポストゥムス（1440 ～ 1457 年）は知名度の低いヨーロッパ君主であり、その治世は内乱など苦難の連続であった。そんな人物がなぜ物理学の歴史と関係しているのか。彼が使ったアラビア数字がその理由だ。

ラディスラウス・ポストゥムスは、その短い生涯のうちに、オーストリア公、ボヘミア王、クロアチア王、ハンガリー王となった人物だ。1440 年に誕生するとハンガリーの聖冠により国王に即位したが、ハンガリー議会は戴冠式の無効を訴えて、彼ではなくポーランド王のヴワディスワフ 3 世を国王とした。内戦が起きると、ラディスラウスは後見人であった神聖ローマ皇帝フリードリヒ 3 世の指示によりオーストリアの宮廷に移され、そこで成長し教育を受けることになった。

オーストリア宮廷には知識人が集まっていたが、なかでも重要なのが、200 年前にアラビア数字を西洋に紹介したレオナルド・ダ・ピサ（フィボナッチの名で知られる）の教えをくむ人々だった。フリードリヒ 3 世の宮廷に残っていたラディスラウスだが、1452 年にハンガリーに戻り、短い期間だが王としての地盤を固めるために活動した。

死の前年の 1456 年、彼は前例のないことをした。手紙や宮廷の文書で、伝統的なローマ数字の代わりにアラビア数字を使い始めたのだ。西洋で初めてアラビ

↓形の変遷：アラビア数字は何世紀もかけて馴染みのある今の形へと進化した。

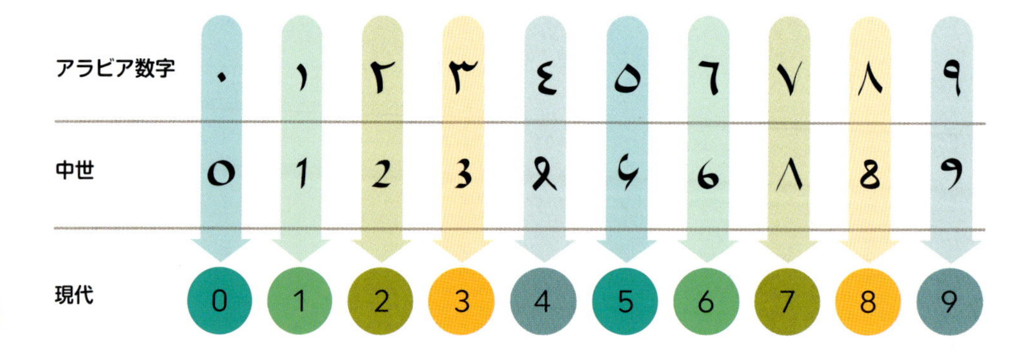

ア数字が公式に使われて、フィボナッチの教えが実を結び始める。ここから、アラビア数字が西洋で広く使われるようになり、現在私たちが使う数字の形へと進化した。この流れを大きく助けたのが印刷技術である。アラビア数字の表記法は文字数が少ないシステムなので、コスト削減のために使われるようになったのだ。16世紀半ばには、現在の表記がヨーロッパのほとんどの地域で一般的となり、その後わずか数百年で、中国やインドネシア、ロシアなど、世界中で使われるようになった。

アラビア数字はどこが優れていたのか

アラビア数字が取り入れられる前は、ほとんどの数学や物理学で使われていたのはローマ数字かギリシャ数字だった。どちらも表記システムとしては完全に機能しているのだが、慣れるのが難しい。また読むのも難しく間違えやすい。文字を組み合わせて数字を表すシステムであるためだ。例として、数字の3807をローマ数字とギリシャ数字で書いてみよう。

ローマ数字：MMMDCCCVII
ギリシャ数字：XXXΓΗΗΗΠΙΙ

どちらの表記でも、すべての数字を足し合わせると3807となる。ここでは、まだ馴染みがあると思われるローマ数字を使ってその仕組みを説明するが、ギリシャ数字もほぼ同じだ。（＊訳注：ローマ数字では小さい数を大きい数の左に書くこともあり、その場合右から左を引くことを意味する。例えば、IVは4である。）

まず、Mが意味するのは1000である。Mが3つあるので、3000になる。続く数字のDは500を意味するので、合計3500。100を表すCが3つ続くので、これも加えて合計3800。Vは5、Iは1を表すので、残りの7をさらに足すと全部で3807となるわけだ。

もちろん、当時の人々はこの組み合わせでつくる数字を見て育ち、その世界で生きたわけだから、現在の私たちよりもずっと簡単に感じていたはずだ。それを差し引いても、アラビア数字がすぐに広がった理由は分かるだろう。ちょっと見ただけでも、472 × 76のほうがCDLXXII × LXXVIよりもずっと読みやすい。

物理学に残るギリシャ文字

ギリシャ文字で表す数字は今も残っており、物理学でもよく用いられる。その多くは変数としての使用だ。例えば密度を表すρ（「ロー」と読み、ギリシャのアルファベットで17番目）、角速度を表すΩ（オメガ、24番目）などがある。他にも、π（パイ、16番目、円周率の3.14159…）のように数字と同様に使われる場合がある。物理学者にとって6や42といった数と同じように見慣れた数字であり、古代ギリシャ人が円周率を発見して記号を使い始めてから変わらずに残っている。

コペルニクス、『天球回転論』を出版

プトレマイオスの地球中心の宇宙観はもはや機能しなくなり、天体の運行を予言することはできなくなっていた。新しい何かが求められており、それに応えたのはポーランド王領プロシアの素晴らしい数学者だった。自分の研究が物議をかもす革新的なものだと思っていただろうが、科学にこれほどまでの影響を及ぼすとは思いもしなかっただろう。

ニコラウス・コペルニクス（1473～1543 年）はドイツ系の多才な人物であり、医者や管財人などとして働いた。経済学の重要な概念である貨幣数量説やグレシャムの法則と同等の説を先駆的に唱えるなど、経済学者としての一面ももつ。ラテン語、ドイツ語、ポーランド語、ギリシャ語、イタリア語を話し、翻訳者として働いた時期もある。才気あふれる人物だったことは間違いない。

コペルニクスは、早ければ 1503 年頃から、太陽中心モデルに取り組み始めている。当時、王領プロシア議会で叔父の秘書として働いていた。そして 1514 年には、自身の理論の概要を「コメンタリオルス」（「小論」の意）と呼ばれる 40 ページの原稿にまとめていた。後の『天球回転論』につながるこの論文には、7 つの公理が提示されている（p38 のコラム参照）。

この論文は友人や限られた相手だけに回覧され、彼の存命中に公刊されることはなかった。コペルニクスは、太陽中心の宇宙観を示すような著作を出版することに乗り気ではなかったが、それは当然だった。地球中心モデルを守ろうとする指導的立場の学者や宗教家からの圧力が非常に強かったためだ。1539 年に、彼の研究についての噂を聞いて、著名な神学者のマルティン・ルターはこう述べている。

天空や太陽や月ではなく、地球が回転していることを示そうとしている新人の天文学者の話に、人々は耳を傾けているという……この愚か者は天文学をまるごとひっくり返そうとしている。だが聖書によると、ヨシュアが動きをいったん止めるように命じたのは、地球ではなく太陽に対してなのだ（ヨシュア記 10:13）。

『天球回転論』は 6 巻からなり、プトレマイオスの『アルマゲスト』と同じような構成で、月や惑星、恒星、そして、それらを支配する数学について説明している。1532 年頃には、ほとんど完成していた。

→ **宗教的教義への挑戦**：ニコラウス・コペルニクスの肖像。自身の考えが物議をかもすことが分かっていたので、生涯にわたり公表には慎重だった。

新たな星が空に現れる

地球中心の宇宙観は揺らぎ始めていたが、それでも天球は不動だと考えられていた。だが、1572年にカシオペア座のなかに明るく輝く星が突然現れたことで、またしても天文学の基盤が揺らぐこととなった。

1572年11月初旬、カシオペア座のなかに、金星に匹敵する明るさをもつ新しい恒星が現れた。中国やイギリスでは君主が当時最高の学者を呼んでこの新たな現象の意味を尋ねた。あれは何の光なのか、どんな意味があるのか？　新星は徐々に輝きを失い1574年には空から姿を消したが、この星がもたらした意義は今もなお残っている。

この現象を目撃した人はとても多かったが、特に重要なのがティコ・ブラーエ(1546～1601年)だ。彼は緻密な科学的手法を重んじる男だった。生前は非常に多くの観測装置をつくり、天文台さえ建設した。そこでは他のどの天文台よりもはるかに正確な観測を行うことができた。彼は何よりも数学を信じ、地球中心モデルを裏づけるための研究を続けながら、コペルニクスの考え方にも好意的だった。そのため、地球中心説と太陽中心説を合わせた独自システムを考え出している。

視差に注目したブラーエ

ティコ・ブラーエは、新星が現れる前から、空の星が天球に固定された不動のものだという考え方には疑問をもっており、6カ月の間隔で星々に小さな視差が生じるはずだと考えた。視差とは、観測地点が動くことにより、静止している物体が動いているように見える現象である。簡単なので自分でも確かめてほしい。開いた状態のこの本を片手で顔の前にもち上げて片目を閉じる。もう一方の手の指を1本立てて、自分と本の間にもってきて、本の背の位置と重なるようにする。目を閉じたり開いたりして片目ずつ交互に見ると、指を動かしてないのに本の背からずれたり重なったりと動いて見えるはずだ。この錯覚による動きを視差といい、星を見る場合も生じるのだが、ずれがあまりにも小さいため1800年代に入るまで観測できなかった。ブラーエは、気づくことができるほどのずれがないのは恒星が非常に遠い位置にある証拠だとし、土星から太陽までの距離の少なくとも700倍は離れていると考えた（実際には最も近い恒星でも、土星から太陽までの距離の約2万8000倍離れているので、ブラーエは間違っていなかったわけだ）。これはまた、恒星が非常に明るいはずだということも意味していた。

この新たな星が空に現れてから約1年後、ブラーエは『新星について (De Nova Stella)』を出版する。書名から、こ

→**波乱に満ちた過去**：1596年に描かれたティコ・ブラーエの肖像。大学時代に学生同士の決闘で鼻がそげ、その後は人工の鼻をつけていた。

EFFIGIES TYCHONIS BRAHE OTTONI DAÑ:
ÆTATIS SVÆ ANNO 50 COMPLETO.
QVO POST DIVTINVM IN PATRIA
EXILIVM LIBERTATI DESIDERATÆ
DIVINO PROVISV
RESTITVTVS EST.

の現象が後に「超新星（スーパーノヴァ：supernova)」と名づけられることとなった。彼はこの本で、新しい天体は視差を生じないので少なくとも月よりは遠いはずだと結論づけた。また、これほど長期間、他の星との位置関係を変えず同じ場所にあったということは、惑星より遠い位置、おそらくは天球の一部にあったはずだと推察した。アリストテレス的宇宙観は、天球は変化しないという考えの上に成り立っている。しかしこの新星は、天球が変化しうるという証拠であった。コペルニクスのモデルの信憑性を高め、ひいては長く信じられてきた宇宙観を徐々に崩すこととなった。

「SN 1572」と名づけられたこの超新星のおおよその位置は古くから知られていたが、正確に測定されたのは 1952 年のことで、イギリスのジョドレルバンク天文台によってであった。その後、多くの望遠鏡で観測されて、超新星爆発の残骸のとても美しい星雲の姿が見られるようになった。この星雲は周りの宇宙空間へと今も広がり続けている。

超新星とは何か

恒星の大部分は水素でできている。星の中心で水素原子が融合してヘリウムができ、この反応によって大量のエネルギーが生じる。最終的に星は水素をほぼ使い果たすが、この反応で生じていた圧力が減るため、星の中心のコアは内側へと収縮する（＊訳注：外側の層は膨張し赤色巨星となる)。星の質量が十分に重ければ、収縮することでコアの温度と圧力が上昇し、ヘリウムが融合して炭素ができる。ヘリウムも使い果たされると、またコアが収縮して、次は炭素が融合して……、という具合に、質量が十分に重い星であれば融合を続けながら周期表を進んでより重い元素のコアをつくる。しかし、どんなに質量が大きい星でも、つくられるのは鉄までだ。

鉄までしかつくられない理由は少し複雑だが、突きつめれば、鉄が融合しても

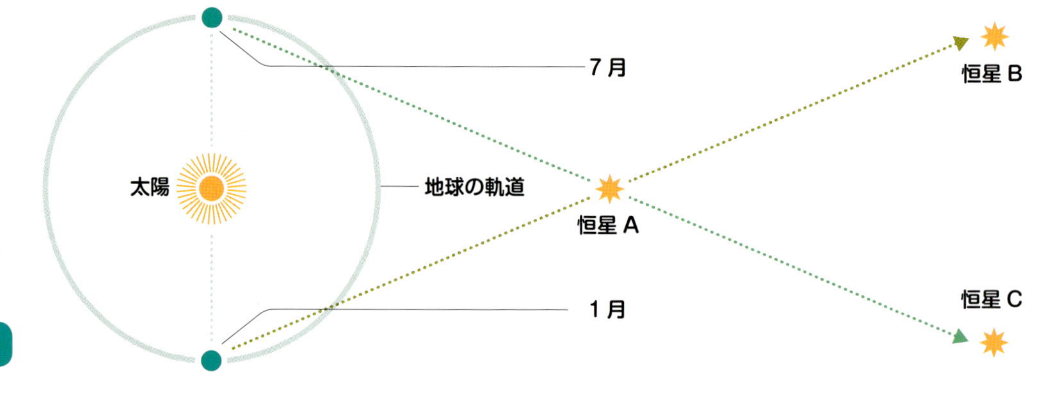

↓星は動いている？：1 年のどの時期であるかによって星の見え方が変わることを示した図。1 月には恒星 B は A の後ろに隠れて見えないが、7 月にはよく見えるようになり、今度は C が A の後ろに隠れる。どの星も実際には動いていないが、地球上からは動いたように見える。

ブラーエのつくった正確な星表

意外なことに星の世界に変化があるらしいことが分かり、もっと正確な星表が必要だと多くの人が考えるようになった。最も広く利用されていたのはティコ・ブラーエがつくった星表だ。何でも徹底的にやる彼らしく、非常に正確な星表で、膨大なデータが盛り込まれていた。その後、たくさんの星表がつくられた。例えば、1801年に出版された『Histoire Céleste Française（フランス天文誌）』には4万7390個の星が掲載された。星以外の天体（星に似ているが異なる）に注目するなど、より特化した目録もつくられており、例えば星雲や星団を集めた「メシエカタログ」がある。現在、最も完成度の高い目録の一つが「SIMBAD Astronomical Database」（太陽系外の天体目録）であり、931万2979個の天体情報が集められている（2018年1月の時点）。

エネルギーは生じず、むしろエネルギーを与えないと融合できないためだ。よって、この時点で星は完全につぶれることになる。融合がどの段階まで進むか、つぶれてから何が起こるかは、星の質量によって変わる。太陽の約8倍よりも軽い場合、星は白色矮星となるが、これは内側につぶれる余地がなくなって星の収縮が止まった段階である。小さくて高熱のプラズマの球となり、何百億年もかけて非常にゆっくりと冷えてゆく。だが、星の質量が太陽の8～50倍の場合には、もっと面白いことが起きる。

星が急激に収縮して、鉄のコアの質量がチャンドラセカール限界と呼ばれる値（太陽の約1.4倍の質量）を超えると、コアが自らの中心に向かって崩壊（爆縮）する。星の残りの部分は、光速の4分の1に達する速さで、この新しくできた空間へと落ちていく。それにより内部温度が1000億度にまで急上昇する。この極度の高温により星の内部の中性子が縮退し、その結果、途方もない爆発が起こるのだ。この爆発は約10^{44}ジュールのエネルギーを放出するが、これは広島に投下された原子爆弾の爆発のエネルギーにして、約1.8×10^{30}個分に相当する。

SN 1572はこれとは少し違っており、Ia型と呼ばれる超新星である。元の星は超新星ではなく内部の核融合を終えた白色矮星だった。しかし、この白色矮星は別の星の周りを回りながら、その星の物質を吸い取っていった。ガスやプラズマを引き寄せて、自分の表面にまとったのだ。徐々に質量が増加し、太陽の約1.4倍であるチャンドラセカール限界を超えたため、星が収縮して超新星爆発を起こした。

100年ほど前までに記録された超新星は8つほどだったのだが、この1世紀の間に登場した天体望遠鏡によって驚くほどの早さで超新星が発見されるようになった。過去数千年間に発見された数を超える超新星が、毎月のように見つかっている。

さまざまな望遠鏡の種類

光学望遠鏡の種類は、屈折式と反射式に大きく分かれる。ここでは反射式望遠鏡のニュートン式望遠鏡とカセグレン式望遠鏡を取り上げよう。いずれもレンズではなく鏡が使われることで、筒の長さをかなり短くできる。

ニュートン式望遠鏡では、対物レンズの代わりに大きな主鏡を使う。主鏡で集めた光を小さな副鏡が反射し、それを接眼レンズ（複数の場合もある）が平行な光線へと戻すのだ。しかしこの方式の場合、接眼レンズの位置が望遠鏡の筒の先端近くの側面部になるので、望遠鏡の設置の仕方によっては観測する方向が限られる場合がある。

カセグレン式望遠鏡も、ニュートン式望遠鏡と似た構造をしており、大きな主鏡を用いて光を副鏡へと集める。副鏡で反射された光は主鏡の中心の開口部を通り抜けて接眼レンズへと入る。この構造により、同じ性能のニュートン式望遠鏡に比べてよりコンパクトなつくりとなる。

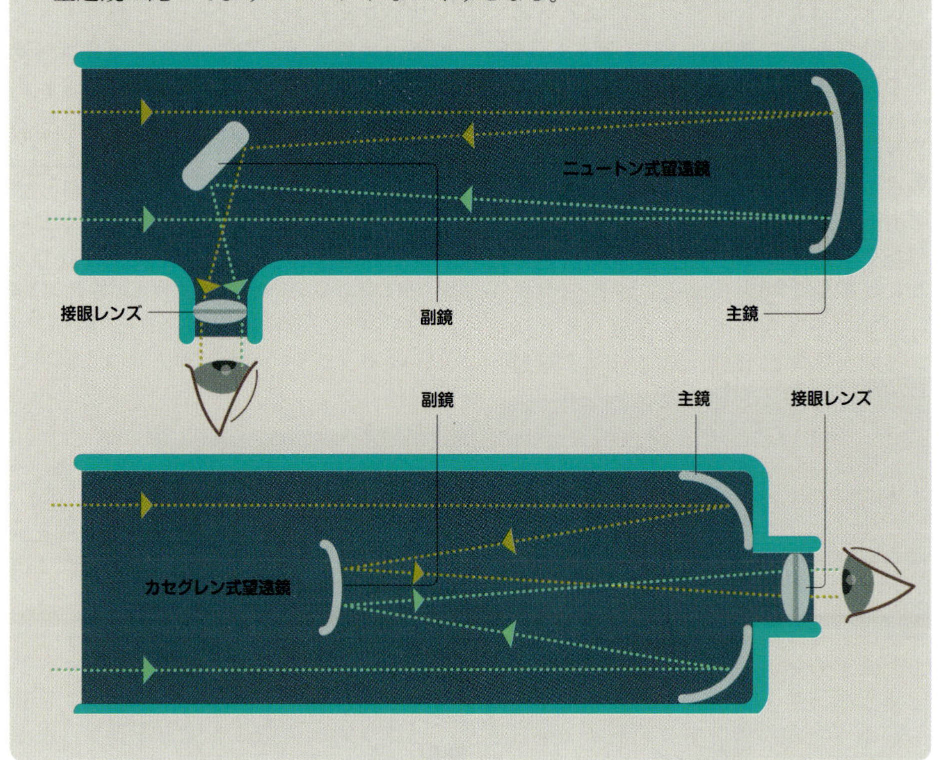

が大きいほど、多くの光を取り込むことができて、倍率を高めることが可能となる。しかし、倍率を上げるには、対物レンズから焦点までの距離を長くする必要があるので、筒を長くしなければならない。現存する世界最大の屈折望遠鏡は、1893年のシカゴ万博に展示された後、アメリカ合衆国ウィスコンシン州のヤーキス天文台に移されている。対物レンズの口径は約100㎝、焦点までの長い距離を納めるための筒は約21mという長さである。.

望遠鏡のさらなる進歩

望遠鏡は天文学の世界ですぐに使われるようになった。ガリレオは1610年には木星の衛星を観測していたし、世界中でさまざまな発見が相次いでいた。何千何万という新しい星、惑星、衛星、さらには他の銀河までもが見えるようになったのだ。望遠鏡のおかげで、星間雲（星が生まれるところ）など、はるか遠い場所で起きていることが見えるようになった。

望遠鏡を使ったのは天文学者だけではない。船や軍隊で活用され、当時の貴族の遊び道具にもなった。ガリレオはこういったそうだ。「ああ、この見事な道具から生まれる新しい観察や発見に、終わりはあるのだろうか」

実際、終わりはまだ来ていない。発明以来、望遠鏡はどんどん大きくなり、精度も上がっている。問題があるとすれば、望遠鏡の性能面ではなく、かつてないほど細かく分割された夜空の各領域を確認するための人手や時間が不足していることだ。今では、望遠鏡は宇宙へと打ち上げられ、天候や大気に妨げられることなく、常に観測できるようになっている。

↑ **見返りは少なく**：1655年に描かれたハンス・リッペルハイの肖像。望遠鏡の発明によって儲けようとしたが、大部分の仕事は未払いのままだった。

最大限の労力をかけて、コンピュータも駆使して、猛スピードで頭上の空の分類や星図づくりをしているのだが、観測可能な宇宙のうちで確認できたのは甘く見積もったとしても1%程度だろう。技術の進歩に伴って、その割合はさらに小さくなりそうだ。

ガリレオ、異端審問で有罪判決

ガリレオ・ガリレイ（1564 ～ 1642 年）は、間違いなく、史上最高の物理学者であり科学者である。数多くの業績と発見によって黎明期の科学革命に大きく貢献した。しかし、偉大な革新的思想家であったがために、カトリック教会との対立が避けられず、1633 年に教会から有罪判決がくだされた。

ガリレオは 1564 年にピサで生まれた。父親は著名な作曲家で、弦の振動や音響を向上させる方法を研究していた。父の影響により、ガリレオは物理学への愛情を育んだと思われる。さらに重要なのは、純粋数学よりも実験への指向性が強められたことだろう。父親の勧めにより、ピサ大学で医学を学び始めたが、途中で専攻を変えて数学と自然哲学を学ぶようになる。学生時代に振り子の研究などを始め、その後、教職についた。1589 年にはピサ大学で数学を教えるようになったが、父親の死を受けて 1592 年にパドヴァに移った。その頃に、測温器（＊訳注：温度計の前身にあたる装置、発明時期には諸説あり）の発明に関わるなどしている。

ガリレオの２つの大発見

1610 年頃、望遠鏡を手に入れたガリレオは２つの大発見をした。１つ目は、金星で月にとてもよく似た満ち欠けが見られることであり、２つ目は、木星の周りを４つの明るい物体が回っているということだ（後にガリレオ衛星と呼ばれるようになった）。いずれも重要な発見である。金星の満ち欠けは太陽中心モデルでしか説明できないし、木星の周りを他の天体が回っているとすれば、すべての天体が地球の周りを回っているわけではないことの証明となるからだ。ガリレオはこうした発見をまとめて『星界の報告』(Sidereus Nuncius) と題して公刊し、論争を呼んだ。ガリレオの観測結果は再確認できるので、彼の発見の正しさは認めざるを得ないものだった。しかし、自身の信念からガリレオの発見を認めない者も多かった。1610 年に、ガリレオはケプラーへの手紙で、自分の意見に反対する者の多くは望遠鏡を覗いてすらいない、と嘆いている。

1615 年、『星界の報告』は異端の書であるとしてローマ教皇庁の宗教裁判所に提出された。これを聞いたガリレオは、友人に止められながらも、汚名をすすぐために自らローマに移った。だが、1616 年２月 24 日、審問所は次のような判断をくだした。

地球が太陽の周りを回っているとの考えは、哲学的にみて愚かで不条理であり、正式に異端とみなされる。多くの点において聖書の内容と明らかに矛盾するからである。

→ **不愉快な真実**：1636 年に描かれたガリレオの肖像。教会と個人的な関わりがあったおかげで、厳しい迫害を受けることはなかった。だが、ガリレオの考えはこの時代の人々にとっては過激すぎた。

ガリレオは、太陽が宇宙の中心であるという意見を放棄し、その見解を教えることも擁護することも差し控えるよう命じられた。また、太陽中心モデルを好意的に論じる多くの素晴らしい書籍が禁書とされた。

軟禁中も実験を続けたガリレオ

これで問題が終わったわけではなかった。1632 年、ガリレオは『天文対話』を公刊する。そのなかで地球中心モデルを痛烈に批判し、その賛同者のことを、証拠を無視する愚か者として描いた。1633 年、ガリレオはローマに召喚され、裁判が行われた。著作のいささか尊大なトーンが災いしてか、教会には彼の擁護者はほとんどおらず、その年の 6 月、「異端の疑い」で有罪判決を受ける。ガリレオには禁固刑が科され、著作は出版差し止め、『天文対話』は禁書とされた。翌日、おそらくは教皇の命により、禁固刑については軟禁へと減刑されている。

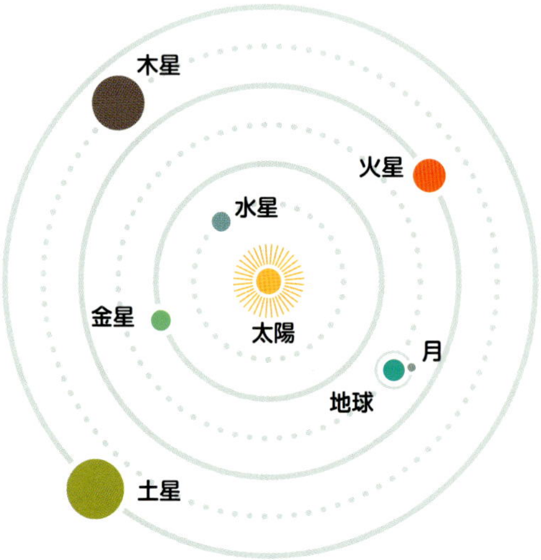

この判決に与えられた正当性とは、「実証されていない仮説による憂慮すべき影響からキリスト教の信者を守る」というものであった。判決は軽いもので、騒動も起きなかった。ガリレオは悔い改めも要求されず、彼の信仰心に疑いがかけられることもなかった。しかし、教会の意向は明らかで、太陽中心モデルを支持する者とは闘うという姿勢が示された。カトリック教会と、勢力を増しつつあるプロテスタントとの緊張が高まっており、バチカンは異端者への処分が手ぬるいとの批判を受けていた。ガリレオの苦境への同情はあったものの、とにかく教会としては、聖書の解釈に疑義を唱えたガリレオを放置するわけにはいかなかったのだ。

裁判の間も、有罪判決が下りてからも、ガリレオは敬虔なカトリック教徒であり続けた。有罪とされたにもかかわらず、バチカンの人々とは友好な関係を保ち、亡くなる少し前に教皇から特別の祝福を受けさえしている。軟禁中もガリレオは実験を続け、イタリア以外の場所に原稿を送って、著書を発刊した。教会はガリレオの著作を破棄しようとしたが、著作は広く読まれ、さらに影響力を増した。教会の教義との対立の焦点であったためだけではなく、斬新で大胆な多くのアイデアのもつ力のためでもあった。

ガリレオの死後、何が起こったか

ガリレオの裁判において、教会は真っ向から敵対する姿勢をとっていたわけで

木星
火星
水星
太陽
金星
月
地球
土星

← 導きの星：太陽中心モデルでは太陽系の中心に太陽がおかれ、地球は周縁に追いやられた。教会の抵抗はあったが、科学を無視することはできなかった。

「近代科学の父」と呼ばれるガリレオ

ガリレオは、アイザック・ニュートンからスティーヴン・ホーキングまで、彼の跡を継ぐ卓越した多くの科学者から尊敬され崇められてきた。あの偉大なアルベルト・アインシュタインも、ガリレオを「近代科学の父」と呼んでいる。研究を通して、ガリレオは新しい方法論である実験的手法を確立した。物理学、さらには科学全体の流れを変えたこの手法こそが、ガリレオの全世界への贈りものなのだ。

今では考えられないことだが、ガリレオの時代には、科学理論が受け入れられる場合、そのほとんどが数学と論理のみに基づいてのことだった。数学が機能して、つじつまが合ってさえいれば、正しいとみなされたのだ。しかしガリレオは、どんな理論でも実験の裏づけがあるべきだと考えており、次のようにいくつもの段階をふむ手法をとっていた。

1. 現象を観察し、それがどう機能しているかを式の形で表す。
2. その現象を説明する数学的論証を考案する。
3. その論証を用いて、実験の結果を予想する。
4. その実験を行い、予想どおりの結果が得られるかを確認する。
5. 結果が予想どおりならば、その理論は正しい。予想どおりでなければ、理論か実験の変更が必要となる。

当時のほとんどの科学者は、第2ステップまでで平気でやめてしまうか、ただ実験するかだけだった。ガリレオは物理法則が数学的なものだと明確に述べた最初の人物である。数学と実験との組み合わせは、アリストテレスの物理学がついに終わりを迎えることを意味した。この実験の手法がアイザック・ニュートンによって確立され、普及したことが、科学革命の幕開けにつながった。

はなく、裁判で提示された科学を完全に拒絶しもしなかった。裁判に深く関わった枢機卿の聖ロベルト・ベラルミーノは、もし太陽中心モデルが事実として証明されれば、「その事実と矛盾するように見える聖書の一節は誤解されてきたのだと認める必要があるだろう」と記したそうである。

ガリレオの死後、この論争の大部分は忘れ去られた。ガリレオの著作の再発行の差し止めについては、1718年に著作の多くが、そして1741年には『天文対話』を含む全著作が解禁された。その後、太陽中心モデルを支持する多くの書籍を対象にした検閲は、少しずつ減っていく。1835年には教会がどのような形であれ太陽中心モデルに反対することはなくなった。1992年、ローマ教皇ヨハネ・パウロ2世は、宗教裁判所の活動は信仰に基づくものだったが結局は誤りであったと認めた。そして、ガリレオへの不当な扱いを謝罪し、バチカンの城壁内にガリレオの像を建てることが約束されたのだ。

科学の進歩を目指し、王立協会が設立される

イギリスのロンドン王立協会は、非常に重要な機関である。助成金や教育、国際協力などを通して科学の進歩を支援し促進することを目的とし、科学研究のための基準の策定を助け、科学者を支援し続けている。

王立協会がどのように始まったのか、正確なところは分かっていない。グレシャム・カレッジのグループやオックスフォードの自然哲学クラブなど、さまざまな団体が母体となった。いずれも自然科学者（物理学者）の非公式な集まりであり、自分たちの発見について議論したり、共同で実験や研究をしたりしていた。こういったグループの多くは、ガリレオの項で見たような、理論と実験を組み合わせた新しい科学的手法を忠実に守っていた。

1660 年 11 月 28 日、グレシャム・カレッジでの講義の後、同カレッジのグループは「自然科学的、数学的な実験学問を促進するためのカレッジ」を設立すべきだとの結論に達した。実験を行うのに加えて、議論のために毎週集まることになった。1662 年 7 月 15 日、チャールズ 2 世からの勅許を得て、ロンドン王立協会として正式に発足した。

これ以降、協会の重要性と影響力は高まった。論文誌を通して近代科学の形を整え、表彰や名誉会員の選出などで科学者を奨励したが、それだけではない。今でも毎年開催されているサマー・サイエンス・エキシビション

コプリー・メダルが創設される

王立協会は、偉大な科学者の業績を称えるため、「科学のあらゆる分野における研究の際立った業績」に対して贈るコプリー・メダルを創設した。現在まで続く最も歴史ある科学賞として知られている。

最初の受賞者はスティーヴン・グレイで、「新たな電気の実験に対して：自然科学の当該分野における彼の発見と進展に対し王立協会は感謝し、常に変わらぬその熱意を奨励するため」として、1731 年にメダルが授与された。グレイは翌年も同賞を受賞したがその際の理由は少し勢いがなくなって、「1732 年に行った実験に対して」というものだった。それ以降も、ジョン・グッドリック、スティーヴン・ホーキング、ピーター・ヒッグスなど、卓越した科学者が受賞している。

という展示会を通して、一般の人にも科学の素晴らしさを伝え続けている。

↑**王立協会**：19世紀末の木版画。フリート街で行われた王立協会の会合。アイザック・ニュートンが会長の席に着いている。

世界初の科学専門誌の創刊

王立協会は世界初の科学専門誌の刊行を始めた。誌名は『フィロソフィカル・トランザクションズ—世界の多くの主要地域における才能ある人々による現在の取り組みと研究、成果について若干の説明を与えるもの』だったが、後に短縮されて『王立協会のフィロソフィカル・トランザクションズ』となった。発刊は、協会の事務総長ヘンリー・オルデンバーグの個人資産により始められ、十分な記事があるならば毎月第1月曜日に印刷するものとされていた。第1号では多くの題材が取り上げられ、ガラス研究の最新の成果や、木星の大赤斑と思われるものの最初の報告、さらには「非常に奇妙で怪物的な子牛の報告」という題名まで見られる。発行責任は非公式な役割として歴代事務総長が受け継いでいたが、1752年以降、編集や資金面での責任を協会が負うようになった。

『フィロソフィカル・トランザクションズ』の重要性は、世界初の科学専門誌であるだけでなく、現在の論文誌でも使われている多くの基準を定めたことにある。その一例が、科学の先取権の原則である。これは、最初に実験をした者、前進させた者、発見をした者のみが名誉を得るべきだという考え方だ。他にも、新しい科学的研究の妥当性をその分野の専門家がチェックし、論文誌への掲載にふさわしいかを確認するという、査読の仕組みを整えた。

その長い歴史を通して、『フィロソフィカル・トランザクションズ』は数々の重要な論文を掲載してきた。例えば、アイザック・ニュートンの最初の論文「光と色についての新理論」や、ジェームズ・クラーク・マクスウェルの「電磁場の動力学的理論」などが挙げられる。

ニュートン、『プリンキピア』を出版

アイザック・ニュートン卿（1642～1727年）は歴史上、最も名高い物理学者の一人である。『プリンキピア』の出版により、現代的な科学的方法論を確立し、経験主義を擁護した。また、運動の法則と万有引力の法則によって身近な世界のほとんどが説明できるようになり、物理の世界に革命を起こした。

アイザック・ニュートンは子どもの頃、祖母に育てられ、ウールスソープ・マナーという農園で過ごした。12歳頃、イギリス東部のグランサムにあるキングズ・スクールに入学したが、数年後、農場で働くようにと母親に退学させられる。農作業を嫌ったニュートンだったが、校長先生の尽力により復学できた。非常によい成績を修め、ケンブリッジ大学への入学が許可される。大学では後に奨学金が支給されるようになり、修士号取得までの生活が安定した。まだ学生のうちに有名な数学の問題をいくつも解き、その過程で微積分法を発展させた。この微積分法という数学形式は、その後何百年間も物理学のあらゆる分野で用いられ、今なお広く用いられている。

1665年、ペストが大流行したため大学は一時的に閉鎖され、ニュートンは故郷に戻った。故郷にいる間に、科学史に残る重要な実験を行い、光学の理論を構築し、それにより初めて科学界の注目を集めることとなった。木から落ちるリンゴを見て万有引力の着想を得たというエピソードは、実際にあったとすればこの時期だろうが、実話かどうかは疑わしい。ケンブリッジ大学に戻ったニュートンは、トリニティカレッジのフェロー職につく。教鞭もとるようになり、自分がまとめていた光学をはじめさまざまな内容を教えた。その後、恩師からケンブリッジ大学の教授職を引き継ぎ、1672年には王立協会会員に選出されている。1679年頃から、ニュートンは物体が動く仕組みについて真剣に研究するようになった。この時期には自身が新しく構築した微積分法を使って計算していたが、最終的に本にまとめる際にはこれを用いず、より一般的に使われていた数学の形式に戻っている。また、ケプラーの惑星の運動に関する法則についても研究し、1680年に現れた彗星に触発され、その動きを説明しようとした。

←アイザック・ニュートン卿：1702年の肖像画。歴史上、最も有名で尊敬される科学者であり続けている。

科学史上最も重要な書籍

『自然哲学の数学的諸原理』（略称の『プリンキピア』でもよく知られている）は、科学史上最も重要な書籍の一つにふさわしい壮大な題名である。初版は1687年7月5日に王立協会を通して出版され、ほとんどすぐに物理学のあり方を変えることになった。

『プリンキピア』は全3巻の構成だ。第1巻の『物体の運動について』で論じられるのは、摩擦や空気抵抗といった抵抗力を受けない物体についてである。仮想的な条件なので現実の状態にはあてはまらない場合が多いのだが、宇宙空間にある物体、例えば惑星や衛星についてはよくあてはまる。また、ケプラーの惑星の運動に関する法則（p39参照）や、他の天文学上のアイデアがとても巧みな形で証明されている。他にも、球形の物体（恒星や惑星など）は数学的には球の中心の小さな1点だけに全質量があるものとして扱えることが示されており、これによって多くの計算が非常に簡単になった。

第2巻は1巻の続きであり、1巻では扱われていなかった抵抗力が導入され、振り子、波、光など、さまざまな運動が取り上げられている。最も実用的であるにもかかわらず、無視され忘れられることが多い巻である。例えば、光は固い粒子として振る舞うとしているなど、この巻の主張の多くは誤りであることが指摘されたり、大幅に修正されていたりするからだ。また、この巻は、ルネ・デカルト（1596～1650年）が提示した多くのアイデアに真っ向から異を唱えている箇所も多い。ニュートンは、デカルトの説から論理的に導き出した結論が、宇宙の観測結果とは一致しないことを簡単に示して見せた。ニュートンによれば、理論が正しいためには、観測と正確に一致しなければならないのだ。

第3巻『世界の体系について』でニュートンが提示したのが、宇宙のあらゆる物体が他のあらゆる物体を引き寄せるという、万有引力の法則である。この法則から導き出される結果を説明し、太陽の周りを回る地球の軌道の不規則性を解明してみせた。太陽も地球も「共通の重心」の周

ニュートンの3つの運動の法則

第1法則　静止または等速直線運動をするすべての物体は、力が加えられない限り、その状態を持続する。（「慣性の法則」と呼ばれる。）

第2法則　運動の変化は加えられた力の大きさと比例し、加えられた力の向きに生じる。（「ニュートンの運動方程式」と呼ばれ、力が物体の質量と加速度の積として $\boldsymbol{F} = m\boldsymbol{a}$ と表される。）

第3法則　あらゆる作用には、大きさは同じで逆方向の反作用が生じる。いい換えると、2つの物体が互いに力を及ぼし合うとき、これらの力は常に大きさが等しく、向きは逆である。（「作用反作用の法則」と呼ばれる。）

りを回っているが、この重心が太陽の中心からわずかにずれた位置にあるという事実から、この不規則性を説明したのだ。第3巻はまた、太陽中心説の裏づけとなり、少なくとも科学の面からは地球中心説にとどめが刺されたのだった。また、ニュートンの万有引力の法則によって、宇宙全体に適用できる法則が他にもあるかもしれないという発想が生まれた。現代の科学的進歩の大きな部分を支える考え方であり、ここから古典的な場の理論がつくられ、電磁気学の定式化（マクスウェルの方程式、p96～99）へとつながった。ニュートンが構築した微積分学は、現在も物理学で使われている数学の基礎になっている。微分や積分など、ニュートンの数学的形式を使わない科学論文を見つけるのが難しいくらいだ。

ニュートンは『プリンキピア』によって、普遍的な基本法則を発見することこそ物理学の究極の目標だと位置づけた。また、ガリレオが発展させてきた近代の科学的手法を完成させ、理論と観測結果に違いがあれば、それがいくら小さいものであれ、理論が間違っているか少なくとも不完全である可能性を意味しており、より良い説明を探すべきだという考え方を示した。『プリンキピア』は科学革命の金字塔であり、ここから独自の科学としての近代物理学が出発した。確立された科学的手法は科学界の大部分で完全に受け入れられ、真の科学的研究がここから始まったのだ。

イギリスの多才な学者ロバート・フックにニュートンが書いた手紙の一文がよく知られている。「もし私がより遠くを見ることができたとすれば、それは巨人たちの肩に乗っているからです」。非常に洞察に満ちており、ニュートンにしては謙虚な言葉でもある。科学とは多くの人が生涯をかけて築いてきたものであり、他の人の研究の上に絶えず積み重ねられることを意味している。

↑**ニュートンの望遠鏡**：アイザック・ニュートン卿が1671年に製作した2台目の反射望遠鏡の、保存状態のよいレプリカ。

『プリンキピア』の重要性は、当然とされてきた知識をひっくり返し、多くの新しい法則を示し、物理学を独立した学問として確立した点にある。それにより、この著書は物理学の礎となった。天文学や流体学、力学や抽象理論にいたるまで、ニュートン以降の200年間の物理学のほぼすべてが、何らかの形で、『プリンキピア』からの影響を強く受けている。

用いることに決め、ガラス製作の最新技術を使って、より緻密な装置をつくった。完成した温度計はこれまでで最も正確なものだった。とても効果的で、現在使われている温度計のデザインは当時からほとんど変わっていない。

華氏という尺度を定める

水銀温度計は大きな成果だが、ファーレンハイトの物理学における最大の功績とは、常識的と思えるような、基準となる尺度を決めたことである。彼の名がついたファーレンハイト（華氏）という尺度は、3 つの比較的新しい基準温度から定められた。0°F（－ 17.8℃）は、塩化アンモニウムと水と氷の混合物が平衡に達したときの温度である。32°F（0℃）は、水の表面に氷が張り始める温度。96°F（35.6℃）は人間の体温であり、通常は口に体温計を入れて測定される。これらの値は特に科学的とも思えないが、実験で簡単に測定できる値なので、誰でも簡単に同じ温度が出せるようになったのだ。

大したことではないように思うかもしれないが、標準化した尺度をもつことは科学において非常に重要なことだ。例えば、自宅のテレビ用の戸棚を買うとする。標準化した長さの尺度がなければ、戸棚のサイズを測るのに手を使うことになる。大きさを店に伝えても、店主と手の大きさが違っていれば、戸棚が大きすぎたり小さすぎたりすることになる。cm や m といった標準化した測定の尺度があれば、そんなことは起こらない。

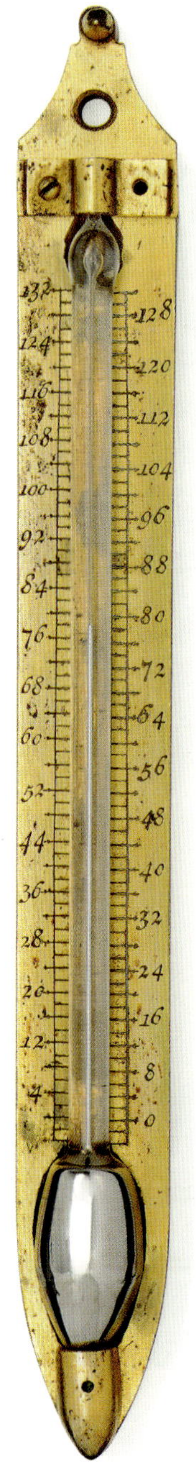

←ファーレンハイトの温度計：ガラス管に水銀が満たされている。

今日の観点からはばかげて見えるかもしれないが、古代ギリシャや古代エジプトの時代には、親指の先から小指の先までの長さが基準として使われていた。しかし、例えば、新しい複合タービンを使い始めるとき、取扱説明書に「50 度で点火」と書いてあったとして、知らずに異なる温度の尺度を使っていたとすれば、爆発事故が起きるかもしれない。

ファーレンハイトが標準的な尺度を導入したことで、温度に基づく実験がこぞって行われるようになった。例えば、さまざまな物質やその相互作用に対する温度の影響などが調べられた。温度を測定せずに実験した場合、反応速度や抵抗、圧力などの変数が温度によって変わるので、実験結果が変わってしまう。このため、実験を行った場所の温度を科学論文に記載するようになった。現代では、「標準状態」という決められた条件のもとで実験が行われる。例えば、STP（標準的な温度と気圧）という「0℃、1 気圧」の設定などがある。

摂氏やケルビンも新たに定められる

1724 年、ファーレンハイトはもう少し厳密な基準点を用い、水が凍る温度と沸騰する温度の差を 180 度として、目盛りを再調節した（＊訳注：彼の死後に調整されたという説もある）。それにより、さまざまな種類の方程式や計算式が簡単につくれるようになり、新たな標準としてすぐに取り入れられた。それ以降、他の尺度もつくられて、現在最も広く使われているのが摂氏（セルシウス度）である。水が凍る温度が 0℃、沸騰する温度が 100℃であり、現在広く使われているメートル法ともよく馴染む。だが、科学の世界で使われる尺度はケルビンである。それ以下には温度を下げられない最低温度を絶対零度というが、この絶対零度を 0K としている（摂氏でいうと約－ 273℃）。

摂氏は、スウェーデンのアンデルス・セルシウスが提案した尺度を修正したものだ。英語では「センチグレード」と「セルシウス」の両方が使われている。元は、水の凝固点を 0℃、沸点を 100℃として決められていた。

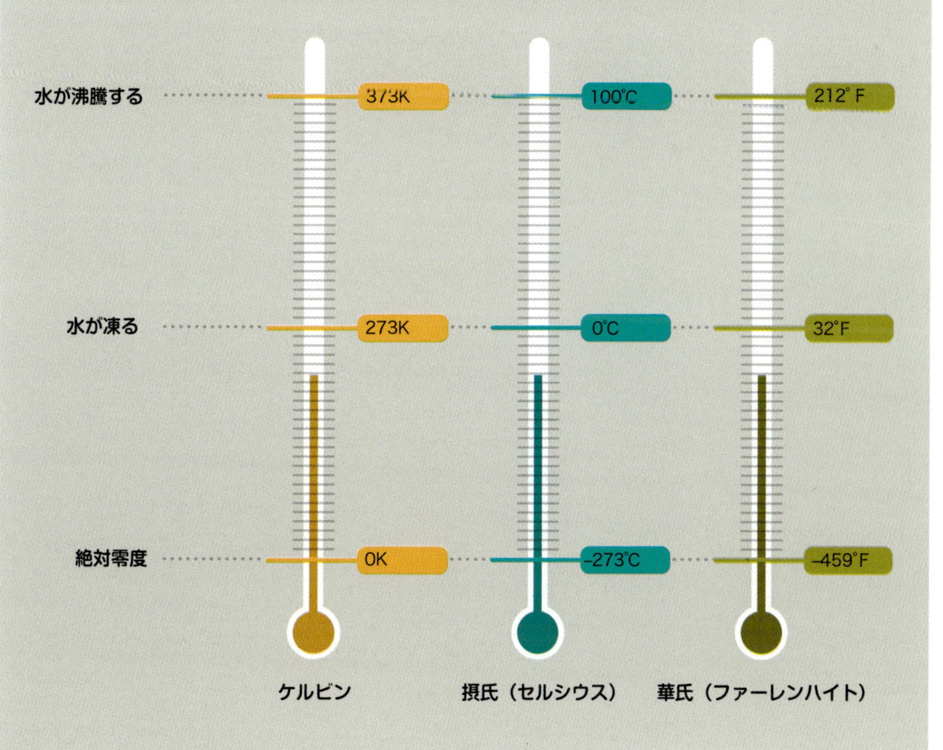

3 古典物理学

オイラー、世界一美しい式を発表

物理学は数学と密接に関係している。物理学の基本法則には、個数は少ないが繰り返し現れる数があり、重要な役割を果たしている。スイス人数学者のレオンハルト・オイラー（1707～1783年）は、こうした数のいくつかを使って「オイラーの等式」として知られる有名な式をつくった。数学的な美を代表する式だといわれることが多い。数学の本質的なつながりを示す式でもある。

一見しただけでは、オイラーの等式はそれほど印象に残らないかもしれないし、式の働きもよく分からないかもしれないが、早まってはいけない。

$$e^{i\pi}+1=0$$

この等式は、いくつかの基本的な数学的演算と定数が、素晴らしく簡潔な形で組み合わさってできている。この式の働きを見る前に、eとiを簡単に定義しておこう。

「e」は微積分学でも重要

eは無理数であり、小数の形で書くと無限に続く。次の式を計算して得られる数だ。

$$1+\frac{1}{1}+\frac{1}{1\times2}+\frac{1}{1\times2\times3}+\frac{1}{1\times2\times3\times4}+\cdots+\frac{1}{1\times2\times\cdots\times\infty}=e$$

これはテイラー級数（＊訳注：級数とは数列の和のこと）という無限級数であり、物理学ではあちこちで現れる。ニュートンの微積分のアイデアの多くにも、こういった無限級数が使われている。そしてeは微積分学において重要な役割を果たしている。無限の小数なので厳密な計算はできないものの、小数点以下の1兆桁まで分かっている。ほとんどの計算では、最初の3、4桁まで使えば十分正確だが、コンピュータで計算する場合には16桁まで使われることが多い（2.718281828459045）。eはさまざまな場所に現れ、力や振動する物体について計算する場合などで用いられる。

「i」により、不可能な計算が可能に

iは-1の平方根である。虚数という、身近な数学では現れない仮想的な数字の一例である。この数をiという記号を使って表すことで、それまでは不可能だった計算ができるようになった。量子力学や熱伝導、光学の基本である、波動に関する計算がその例だ。

円周率の「π」

πの記号は見たことがあるだろう。数学においてとても重要な位置を占めている特別な数だ。

円周率といって、円周の長さを直径で割った数である。具体的にいうと、まず円の中心を通るような直線を引き、それが円周と交わる2つの点の間の長さを測る。次に円をどこか一カ所で切って1本の線にしてその長さを測る。その2つの長さの比がπになるわけだ。どんな円を使っ

→ **大絶賛**：レオンハルト・オイラー、18世紀半ばの版画。「数学でいちばん素晴らしい式」と呼ばれる数式をつくる。

てもいい。大きい円でも小さい円でも、まったく同じ数、π（3.1415926……）となる。直径のπ倍が円周の長さだ。このため、特に円や角度を扱う場合、πが頻繁に登場する。

オイラーの等式が特別である理由

eとiが表しているのがいくぶん抽象的な数学的概念であることを考えると、オイラーの等式の重要性とは、多くの人にとって馴染みのある日常的な数学の感覚に、この2つの数をリンクさせている点にある。この等式の一般化ともいえるオイラーの公式によって、複素数（虚数の部分をもつ数）が扱いやすい形に変わるからだ。この公式の働きとは、デカルト座標（よくあるx座標とy座標のグラフ）を極座標（原点を中心とする円の角度と半径で点の位置を表す）に変換することだ。極座標を使うことでプロットしやすくなるデータも多い。また、オイラーの等式そのものには、グラフの原点を中心にして、対象を180度回転させる機能がある。

オイラーの等式には、e、i、π、1、0という5つの数だけが用いられている。いずれも物理学において最も基本の定数である。物理学のどの分野で使われる、どの計算式や公式にも、このうちのどれかは含まれているだろう。このたった1つの等式に、5つすべてが結びついて入っているのだ。これほど端的かつ単純に記述された式が、私たちが使う非常に多くの数学と関連し、非常に多くの物理学の概念と結びついているということこそが、大きな成果だといえる。かつて、偉大なリチャード・ファインマン（p150～153参照）が、オイラーの等式を「数学でいちばん素晴らしい式」といったのも不思議はない。

ハレー彗星、予言どおりに戻ってくる

ハレー彗星は、約76年ごとに現れる夜空の壮麗なショーである。遅くとも紀元前240年以降、毎回観測されてきた。この彗星が戻ってくる時期を正確に予測できるようになったのは、1705年のイギリスの天文学者エドモンド・ハレー（1656～1742年）の功績である。

彗星は昔から頻繁に目撃されており、何かの前兆や神のお告げだと解釈されてきた。また、初期の天文学者たちは、彗星を大気中で生じる気象現象だと考える者が多かった。しかし、ティコ・ブラーエは、視差に関する研究（p40参照）により、少なくとも月よりも遠い場所での天体現象であるはずだと指摘した。

1705年、ハレーは「彗星天文学概要」という論文を発表する。このなかでハレーは、ニュートンが発表して間もない法則（p54～57参照）を使って、土星と木星が彗星に及ぼす影響を計算している。彼は彗星の軌道を計算し、おおよその周期（彗星が太陽の周りを回って同じ場所に戻ってくる間隔）を約76年と割り出した。また、過去3回の彗星の目撃記録を見つけて、同じ彗星が繰り返し現れているのだと指摘した。このような研究をまとめて、彗星が次に戻ってくるのが1758年だと予測したのだ。

戻ってきたこの彗星を最初に見つけ

彗星は「汚れた雪玉」

彗星は大部分が塵と氷でできているので、「汚れた雪玉」と呼ばれることもある。その他、メタン、アンモニア、二酸化炭素などの化学物質も含まれている。彗星の大きさはさまざまで、大きな岩程度のものから、都市ほどの大きさのものまである（ハレー彗星は長さ16km、幅8km、高さ8kmである）。

他の天体と同じく、彗星は重力に引き寄せられて恒星の周りを回る。しかし、惑星や小惑星などの天体に近づくのと違って、恒星に接近すると温められて氷が溶け始めてしまう。氷が溶けて蒸発した物質が、あの特徴的な彗星の尾をつくるのだ。彗星は進行方向と逆向きに尾を伸ばして進むイメージで描かれることが多いのだが、実際には、彗星の動きの向きには関係なく、尾は常に太陽と逆方向に伸びている。

たのは、ドイツのアマチュア天文家で、1758 年 12 月 25 日のことだった。彗星は翌年 3 月中旬に太陽に最も近い点（近日点）を通過した。到来がハレーの予言よりも遅れたのは、彗星が木星と土星から受けた摂動のためだった。1759 年に彗星が現れる少し前に、他の天文学者がこの摂動を考慮してより正確な予測を立てていた。ただ､予測の正確さでは劣るものの、彗星が太陽の周りを回ることを証明し、ニュートンの法則の動かぬ証拠を示したのはハレーだった。残念ながら、1742 年に 85 歳で亡くなったため、自分の予言の正しさを知ることはできなかった。しかし、彼の功績を称えて、ハレー彗星と呼ばれるようになった。

ハレー彗星の観測の歴史

この彗星が周期的に戻ってくることが分かると、目撃情報を求めてさらに昔の記録が探されるようになった。最初の観測記録は、紀元前 240 年の中国である。その後、紀元前 164 年と紀元前 87 年にはバビロニア地方でも記録が残された。それ以降は、ほぼすべての彗星の観測記録が世界中のどこかで残されている。有名なものとして、1066 年のイギリスでのノルマン征服が記録された「バイユーのタペストリー」に、彗星の姿が残っている。

最後に空に現れたのは 1986 年のことだが、これまでの彗星よりもずっと暗くしか見えなかった。ヨーロッパ、日本、旧ソ連の宇宙機関が打ち上げた探査機からは、彗星の形状や組成についてかつてない量の情報がもたらされた。彗星の構成物質や表面の性質などの貴重な情報が得られ、欧州宇宙機関はそれを活用して彗

↑ハレー彗星：1986 年にイースター島で撮影されたハレー彗星。彗星の尾は、必ず太陽の反対側へと伸びる。

星探査機ロゼッタによる調査を計画した。このロゼッタは、2014 年末、チュリュモフ・ゲラシメンコ彗星の表面に着陸機フィラエを降ろしており、貴重なデータを地球に送り届けた。そのデータを解析したところ、彗星に大気があり炭素と窒素が豊富に含まれていることや、表面に有機物が存在することなどが発見されている。

ハレー彗星が次に現れるのは 2061 年 7 月 28 日と予測されている。等級は − 0.3 なので（p71 のコラム参照）、夜空の多くの星よりも明るく見えるはずだ。さらにその次に戻ってくるのは 2134 年であり、地球にかなり接近することが分かっている。等級も − 2.0 であり、木星に近い明るさとなりそうだ。

グッドリック、宇宙を押し広げる

私たちは誰でも、頭上の星が瞬くことを知っている。そして、古代ギリシャ以降、実際に明るさが変わる星があることに多くの天文学者は気づいていた。イギリスの天文学者、ジョン・グッドリック（1764～1786年）は、この現象の原因を解明することを自分の使命と考え、連星を発見し、宇宙が考えられていたよりはるかに大きいことを示すきっかけをつくった。

ジョン・グッドリックは英国ヨークシャーの下級貴族階級の家に生まれた。子どもの頃の猩紅熱（しょうこうねつ）が原因で聴力を失う。トマス・ブレードウッド学園というスコットランドの聾学校に通い、数学と天文学を好むようになった。その後、ヨークシャーに戻ってヨーク市で暮らし始めた。ともに天文学に興味があったことから、近所に住むエドワード・ピゴット（1753～1825年）とすぐに親しくなり、「変光星」と呼ばれる天体現象を調べるようになる。エドワードの父親は、個人としては当時最大かつ最も高性能な天文台を所有しており、グッドリックもそこで熱心に夜空を観測した。

ジョン・グッドリックが特に研究したのが、ペルセウス座の星のアルゴルだった。この星の明るさの変動を最初に記録したのはジェミニアーノ・モンタナリ（1633～1687年）で、1667年から断続的に記録を残している。グッドリックは熱心にアルゴルの観測を続け、現象を説明できる仮説を2通り立てた。1つ目は、星の表面に暗い領域（太陽の黒点が集まったような部分）があるため、星の回転に伴い周期的に暗くなるという仮説である。2つ目が、星の周りを、大きいけれども明るさではかなり劣る天体が回っているという仮説だった。正しいのは、この2つ目の仮説だった。

変光星の仕組み

星は、星間雲という巨大な宇宙塵の雲から生まれる。宇宙空間の同じ領域から非常に多くの星が誕生するので、2つの星が質量の共通重心の周りを公転し始めても不思議はない。3つ以上の星による連星系（多重星）ができることもあるが、より不安定なため通常はすぐに系を保てなくなる。つまり、3つ以上の星の系はかなり少ないということだ。

ある平面上に2つの星の軌道があり、地球からはその平面を真横から見る形になるとする。この場合、片方の星がもう一方の星の前を通るときに、後ろの星からの光を遮る状態になり、地球に届く光の量が減る。日食と同じ仕組みだ。光量

→**短い人生で成し遂げたこと**：1785年に描かれたジョン・グッドリックの肖像。王立協会会員に選出されたことを知ることもなく、痛ましくもその短い人生を終えた。

が落ちる間隔を調べれば、2つの星が互いの周りを回る速さが分かり、光量が落ちる度合いから2つの星の大きさの見当がつく。

グッドリックが研究したアルゴルの明るさの変化は、この仕組みで起きていた。実はアルゴルには主星Aと伴星Bの他に、3番目の伴星Cが存在する。この伴星Cは、他の2つの星の距離の40倍以上離れた位置にあり、軌道面もずれているので、地球に届く明るさには影響しない。太陽と比較すると、主星Aは、大きさが約3.0倍で明るさは120倍ある。伴星Bは、大きさは約3.4倍だが、わずか5倍の明るさしかない。

セファイド変光星とは何か

ジョン・グッドリックはこういった変光星をたくさん観測し、光量が変化する理由が他にもあることに気づいた。観測した星のなかにケフェウス座δ（デルタ）星があった。ケフェウス座をつくる星の一つで、等級は3.5から4.4の間で変化する。この変化が、星の表面の暗い領域や、連星による食現象のためではないことはすぐに分かり、「セファイド変光星」と分類されるようになった。

セファイド変光星の多くは超巨星という巨大で金属量が多い星であり、半径が太陽の100倍以上、明るさが5万倍を超える星もある。しかし、これらの星が特別である理由は他にある。星が脈打っているのだ。星内部の核融合反応が不安定化することで、星自体が縮んだり膨らんだりを繰り返す。なかには脈動ごとに直径が約4分の3になる、つまり体積が半分以下になる星もある。大きさが変化す

⇩**共通の重心**：どのように連星系が安定な軌道を保っているかを示す模式図。両方の星が、2つの星の重心の周りを回っていることに注目。

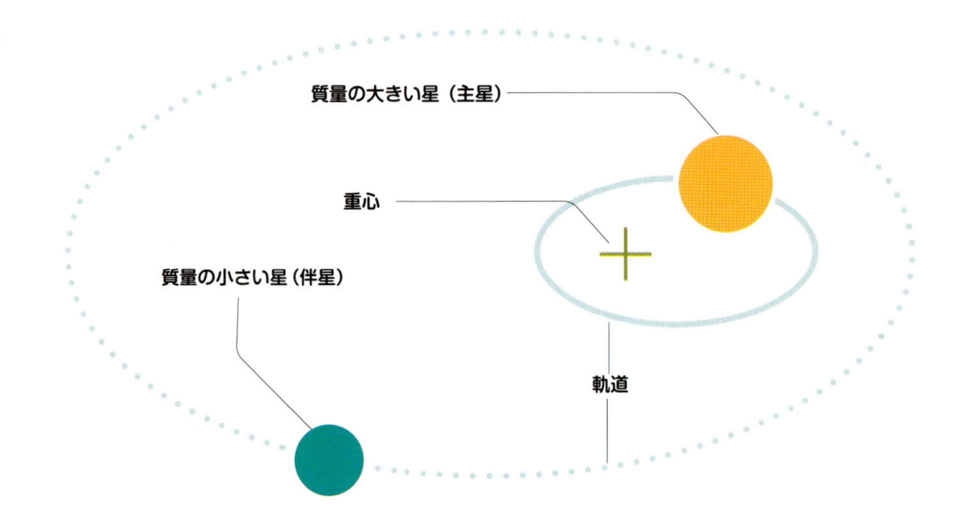

天体の等級とは何か

等級とは、天体の明るさを表す尺度である。値が小さいほど、その天体は明るい。等級が6を超えると肉眼では見えなくなるので、暗い天体を観察するには望遠鏡が必要となる。木星の等級は－2、満月の等級は－13である。地球から見るとアルゴルの通常の等級は2.1だが、伴星Bが主星Aの前を約10時間かけて通過すると最も暗いときで等級は3.4まで落ちる。この光量の低下は2.87日おきに発生するので、伴星Bが主星Aを周る軌道周期が2.87日であることが分かる。

ることによって、光度も変わる。これだけでも圧倒されるが、さらに驚くことには、星の脈動の間隔と星の明るさとが直接関係しているのだ。

宇宙空間にあるものの距離を知るのは、その距離が非常に大きいだけに、とても難しい。視差を使う方法、つまり星の見え方を、半年後に地球の公転軌道上で反対側にきたときの見え方と比べて微妙な差を調べるという方法は役に立つのだが、約300光年より遠い天体には使えない。他にもいくつか方法はあるが、正確でない場合が多く、そこそこの概算値しか得られない。しかし、セファイド変光星の場合、観測すれば光度が変化する間隔が正確に分かり、それによって星の本当の明るさを計算できるのだ。その本当の明るさと、地球から見たときの明るさ（見かけの明るさ）とを比べることで、その星と地球の距離が求められる。

この計算によって、それまで考えられていたよりも宇宙がはるかに大きいことが分かった。ピゴットが変光星であることを確認した鷲座η（イータ）星までの距離は1400光年だった。ちなみに、他の変光星のこぎつね座S星はなんと1万1000光年の距離にある。今では、他の手法も確立されて、もっと遠い距離でも測れるようになった。例えば、爆発時に一定の光量を放出し、数十億光年も離れていても観測できるIa型超新星や、銀河が地球から遠ざかることによって生じる赤方偏移を測定する方法などがある。だが、すべては、グッドリックの研究から始まったのだ。

グッドリックの悲劇

連星系の研究によって、ジョン・グッドリックは1786年4月16日に王立協会会員に選出された。だが、彼にその知らせが届くことはなかった。選出の4日後、知らせを聞く前に肺炎で亡くなったのだ。観測所で夜に長時間を過ごしていたための発症と考えられている。わずか21歳という若さだった。

メートル法、フランスで導入される

「標準化した計量システム」といわれても、ぴんとこないかもしれないが、その導入は物理学の発展に大きな影響を与えた。他の科学者のすべてのデータを自分の使う単位に変換しなければならないとしたら、他人のデータを使うことが面倒でたまらなくなるだろう。この問題がメートル法の導入によって解決されたのだ。

メートル法は10進法に基づいており、例えば、1 kgは1000g、100cmが1mとなっている。このシステムは、イギリス人科学者のジョン・ウィルキンズ（1614～1672年）によって、「科学の共通言語」として最初に提案された。

1795年、フランス革命政府は、新しい計量システムの制定を可決した。上流階級だけでなく「いつでも誰でも」使うことができる平等な仕組みとなることが目指され、誰にでも分かりやすいと思われる10進法に基づいていた。

10進法の時間（時間）：1日を10時間、1時間を100分、1分を100秒に分ける。1週間は10日、1カ月は3週間、1年は12カ月として、1年が365日か366日（うるう年）になるように毎年5日か6日を追加するという仕組みだ。

グラード（角度）：円の4分の1（直角）を100グラード（またはゴン）に分ける。円を一周すると400グラード。

メートル（長さ）：1mは、北極点からパリを通って赤道まで至る子午線の距離の、1000万分の1に等しい。

グラム（重さ）：1gは、1㎤の水の質量。

フラン（通貨）：1フランは、100サンチームまたは10デシームに相当。

しかし、新システムへの切り替えは、計画が不十分なうえ性急であったため、はなはだ評判が悪かった。1812年には使用中止となり国全体が昔の単位系に戻されたが、科学者には広く用いられるようになっており、1837年に再び導入された。

メートル法の普及

フランスは1795年までにメートル法を全面的に採用した。問題はいくつかあったものの、100年かけて、フランスの支配地域とヨーロッパの大部分へとゆっくり広がった。その後、中東やロシア、中国などに根を下ろした。1960年に国際単位系（SI）が採択される頃には、ほぼ全世界でメートル法が使われるようになっていた。

国際単位系（SI）がつくられる

先ほど説明した単位だが、現在の単位系に含まれていないものがあることに気づいただろう。現在の単位系は、長年かけて、エネルギーや温度など他のタイプの単位も含むように手を加えられ、また、元々あった単位も世界中で使いやすいようにつくり変えられてきた。現在の単位系は国際単位系、またはSIと呼ばれる。SIでは、メートルやグラムのような10進法へとつくり変えられた単位の多くを保ちつつ、秒や角度など、10進法ではない単位も取り入れている。また、より正確な測定値によって単位が定義し直されており、例えばメートルは、「1秒の2億9979万2458分の1の時間に、光が真空中を伝わる行程の長さ」として再定義されている。国際単位系が発展して世界中で受け入れられたことで、科学的進歩が世界中に広まるようになった。

↑ **革命**：フランス革命の一場面。メートル法が採用された背景には、フランス革命が大きな要因としてあった。

キャベンディッシュ、万有引力定数を計算

1687 年に発表した『プリンキピア』で、アイザック・ニュートンは、未知の定数 G、つまり万有引力定数を用いて、万有引力を定義した。その G の値をイギリスの科学者ヘンリー・キャベンディッシュ（1731 〜 1810 年）が計算したのは、それから 100 年以上経ってからだった。

ニュートンの万有引力の法則は次の式で表される。

$$F=\frac{Gm_1m_2}{r^2}$$

ここで F は 2 つの物体の間に働く万有引力であり、m_1 と m_2 はそれぞれの物体の質量、r は物体の間の距離で、その 2 乗が分母である。残るは G だが、これが万有引力定数であり、名前の最後に「定数」とついているように、決して変化しない数である。万有引力定数を使うと、質量と距離から、正しい値の万有引力が求められる。この定数の計算に必要な実験を初めて行った人物が、ヘンリー・キャベンディッシュだ。

キャベンディッシュはケンブリッジ大学で学んだ後、ロンドンで暮らし始めた。父親は王立協会の重鎮だったので、息子のヘンリーも協会の会合や講義、夕食会に出席するようになった。キャベンディッシュは 1760 年に王立協会会員に選出され、積極的に活動し、王立協会審議会などでさまざまな役職に任命された。広範な科学研究を行ったが、彼が有名になったのは、自身が「燃える気体」と表現した水素の実験によってであった。

キャベンディッシュは、地球の密度、ひいては地球の質量を、実験から求めようと考えた。実験の結果から密度を計算したところ、1 ㎤あたりのグラム数で 5.448 (g/cm^3) と求められた（＊訳注：論文では単純なミスで 5.48 と記載されていた）。現在の精密な装置を使って得られる結果は 5.51 (g/cm^3) と近い値である。密度を地球の質量に変

キャベンディッシュは本当に G を計算したのか

そもそも彼の目的は G の発見ではなかったし、論文に発見したとも書いていない。では、彼は本当に計算したのだろうか。していないと主張する者もいる。だが、G の値は彼の実験と計算から導き出されるため、リチャード・ファインマンなど多くの著名な物理学者は、発見の功績はヘンリー・キャベンディッシュにあると考えてきた。

固定した支点
ぶらさげワイヤ
鉛の球
床に置かれた大きな鉛
棒が回転を始める
万有引力

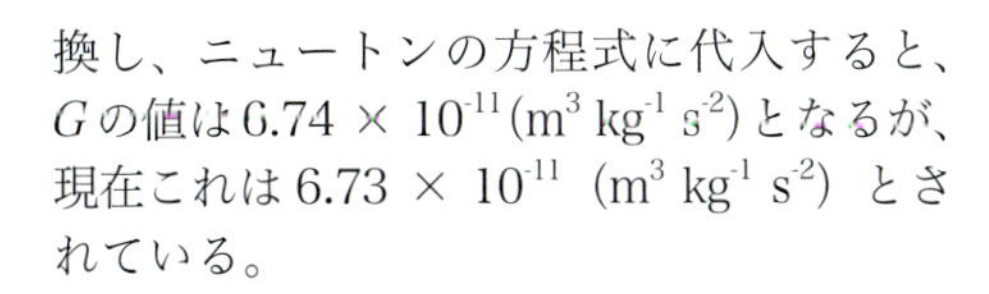

換し、ニュートンの方程式に代入すると、Gの値は6.74×10^{-11} ($m^3\ kg^{-1}\ s^{-2}$)となるが、現在これは6.73×10^{-11} ($m^3\ kg^{-1}\ s^{-2}$) とされている。

当時の最も正確な実験

この実験を構成するのは、非常に細いワイヤーでつり下げられた棒の両端に2個の鉛の小球を取りつけたものだ。もっと大きい鉛の球を、小球の近く、地面の上に配置する。小球は大球に引き寄せられるので、棒は非常にゆっくりと回転してワイヤーをねじる。このねじる力が小球と大球の間の万有引力と釣り合ったところで、回転は止まる。ワイヤーをねじる力は棒が回転した角度により計算できるので、小球が大球から受ける力が分かるわけだ。小球が地球に引き寄せられる力（重力）は分かっているので、この2つの力の比をとる。この比を万有引力の方程式を用いて表すことで、地球の密度が計算できて、水の約5.45倍であると分かった。水の密度を好きな単位で表せば、その単位での地球の密度が分かる。

↑**キャベンディッシュの実験**：この実験に使われた装置の模式図。外部の影響を受けないよう、木造の小屋に閉じこめた状態で実験がなされた。

ワイヤーをねじる力の大きさは非常に小さく、小球に働く重力の5000万分の1以下という、細心の注意を払わないと測定できない値だった。キャベンディッシュは風など外界の影響を受けないよう、実験装置を木製の箱に入れて、小屋のなかに置いた。小屋には2つだけ穴を開けて望遠鏡を設置して、そこから内部の状態を観測した。おそらく、この時代で最も正確な実験だった。

ヤング、二重スリットの実験を行う

光の性質は、科学における最大の議論の的であった。光とは波なのか、それとも粒子なのか。アイザック・ニュートン卿は粒子だと考えていたが、それに納得せず波だと主張する者も多かった。1803 年頃に、トマス・ヤング（1773 〜 1829 年）は、光が波の形をとることを証明する実験を行った。

トマス・ヤングはあらゆる点で卓越した人物だった。英国のサマセットで大家族の長男として生まれ、10 代前半で 14 の言語を話すことができたという。ロンドンとエジンバラで医学を学び、ケンブリッジ大学で学位を得た。1799 年にはロンドンのウェスト・エンドで医師として開業する。その間にも、多くの独自の科学論文や着想に取り組んでいた。1801 年には王立研究所で自然哲学の教授となった。2 年間の講義は、1807 年に『自然哲学と機械技術についての講義』として出版された。

光は波か粒子か

1800 年、王立協会の学術誌に掲載されたヤングの論文は、光が波であると主張するものだった。論文への反響は懐疑的なものだったが、ヤングは取り組みをやめなかった。研究を続け、水を使って波動説を説明した。1803 年には、水ではなく光を使って、「二重スリットの実験（ヤングの実験)」として知られることとなる実験を行った。実験の結果は、光が波であることを証明するものだった。

波は、「干渉」と呼ばれるプロセスによって相互作用する。海面の波を考えてみよう。波には高低差があり、高い部分と低い部分が繰り返される。それぞれを、波の「山」、「谷」と呼ぼう。さて、別の方向から押し寄せてきた 2 つの波がぶつかることを考える。ある山が他の山とぶつかると、その部分の水量が増えるので、水面の高さは倍増する。同様に、谷と谷がぶつかると倍の深さになる。2 つの波のちょうど山同士、谷同士がぶつかって大きく上下する強い波となることを、「強めあう干渉」という。逆に、「弱めあう干渉」とは、山と谷がぶつかって打ち消しあってほとんど上下しない弱い波になることであり、波が上下する幅はもとの波よりも小さくなる。

湖や池に石を投げこむと、そこから波が幾重にも広がり円形の波紋をつくる。2 つの石を同時に別の場所に投げこめば、先ほど考えたように、互いに干渉しあう波の様子を観察することができる。

このとき、波打ち際に打ち寄せる水の

⇦ **トマス・ヤング**：この時代で最も尊敬された科学者に異を唱えたわけだが、ヤングの数学は非常に精密で、彼の説が正しいことは確実だった。

高さを観察すると、干渉によって、あるパターンがつくられていることに気づくだろう。2つの石から等距離の点には、2つの波が強め合って、波の山と谷の落差が大きい強い波がくる。その両隣は、波が打ち消しあって、水面の動きが非常に少ない状態になっている。さらにその隣の波は強い波なのだが、等距離の位置ほどの強さではない。このように、強い波と、波のない状態が交互に続き、遠くに離れるほど強い波がくる位置の波の高さも低くなる。2つの石の距離や、岸からの距離に関わらず、この波の強弱のパターンは現れるのだ。

こういったパターンは、どんな種類の波でも生じる。ヤングの実験は、本質的にはこのパターンを見る実験だ。光源を1つだけ使い、2つの細長い切り込み(スリット)を入れた金属板に光を当てる。スリットを通過した光は、その先にある衝立(ついたて)にあたる。両方のスリット(投げた石と同じ役割を果たす)を同じ量の光が通過すると考えると、もし光が波であるならば、強めあう干渉と弱めあう干渉が起きて、衝立にあたる光に影響を及ぼすだろう。つまり、明るい部分と暗い部分が交互に生じるパターンが現れると予想される。

地に落ちたヤングの評価と、再評価

ヤングの実験結果は予想を裏づけるものだった。つまり、光が波であることが証明されたのだ。それにもかかわらず、ヤングは公の場で非難され、まともな研究者としての評判は地に落ちた。そのため彼の講義録の出版は大幅に遅れ、彼は教授を辞職し医者の仕事に専念するようになる。しかし、実験結果は明らかであり、彼の理論は徐々に認められるようになった。ヤングの評判が最高潮に達したのは、1818年のフランス科学アカデミーが開催したコンペでの出来事だった。つくり話かもしれないがこんな逸話がある。フランスの科学者オーギュスタン・ジャン・フレネル(1788～1827年)が、ヤングの二重スリット実験とオランダの科学者クリスチャン・ホイヘンス(1629～1695年)の先行する研究を交えて、自身の光の波動説について講演を行った。しかし、光の粒子説を擁護するシメオン・ドニ・ポアソン(1781～1840年)は、その場ですぐに計算を行い、講演後に立ち上がると、フレネルの説が正しければ円盤状の物体で光を遮ると円盤の影の中心に明るい点ができるはずだ、と断言した。そして、そんな点ができるわけがないの

多彩なヤングの才能

トマス・ヤングは偉大な物理学者であっただけでなく、医者としても尊敬されており、子どもへの安全な投薬量を定め、自身の波の理論を使って血液の働きを説明するなどした。目の研究も行い、乱視の説明や三色説を唱えている。

驚いたことに、ヤングはまた、ロゼッタストーン(1799年に発見された古代エジプトの石碑)の解読にも大きく貢献している。碑文は1822年にジャン＝フランソワ・シャンポリオン(1790～1832年)によって完全に解読されたのだが、ヤングの取り組みが解読への足がかりとなったようだ。

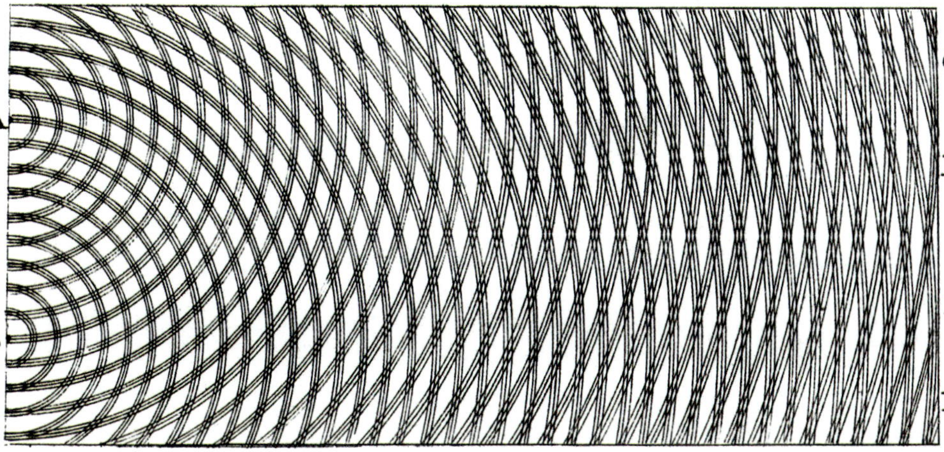

A
B
C
D
E
F

だからフレネルの説を論破した、と確信して着席した。しかし審査員のアラゴが、後に影の中心に明るい点ができることを実験で確かめてみせた。ポアソンが間違っていたことが示された挙句、その点が「ポアソン・スポット」とも呼ばれるようになってしまった。この出来事があってから、光の波動説が認められるようになったのだ。

光は波であり粒子でもあった

光の波動説は素晴らしい理論であり、光の性質や光がどう作用するかについて多くの部分が解明された。しかし、波動説では説明できない点もいくつかあった。そのなかでも最も有名な問題が、光電効果と呼ばれる現象だった（p114参照）。光電効果とは、金属板に十分短い波長の光を当てると金属板から電子が飛び出るという現象で、それを利用して電気回路をつくることもできる。もし光が波であるのなら、どんな波長の光でも（十分に

↑二重スリットの実験：ヤングの二重スリットの実験の結果。トマス・ヤングによる二重スリットの干渉図。水面の波の観察に基づいて描かれている。AとBは光源で、C、D、E、Fの点で波が打ち消しあい暗くなる。

強い光であれば）電子が飛び出すはずなのに、ある値より長い波長の光では電子は飛び出さない。アルベルト・アインシュタインは、光が粒子でもあることを証明して、1905年にこの問題を解決した。これにより、光は、波と粒子の両方の性質をもつことが分かったのだ！　一見矛盾しているようなこの答えは、状況に応じて波と粒子の両方の振る舞いを見せる光子（フォトン）の発見によりもたらされた。

ドルトン、原子論を発展させる

化学物質や元素の働きを理解することは、興味深く、重要な問題だ。物質は原子でできているという考え方は18世紀末には広く受け入れられていたが、原子の性質は基本的に分かっていなかった。原子の理解に向けて最初の大きな一歩を踏み出したのが、ジョン・ドルトン（1766～1844年）である。

ジョン・ドルトンは1766年にイギリスのコッカーマスの近くで生まれた。学問に優れた才能を示したが、英国国教会に属さないクエーカー教徒であったため、ほとんどの大学に入学できない立場だった。ようやく、マンチェスターにある、国教会以外の信者も受け入れる特別な学校で教職を得る。初期には主に気象学を研究していたが、自らも患っていた色覚異常についての詳細な研究も行っており、この研究から色覚異常がドルトニズムと呼ばれるようになった。

当時、化学反応については、反応する物質の質量の比が常に一定であるという「定比例の法則」が知られていた。気体の組成について研究していたドルトンは、「倍数比例の法則」を発見したが、これは、2つの元素から2種類の化合物をつくる場合、一方の元素の同一質量と化合するもう一方の元素の質量が必

←**ジョン・ドルトン**：彼の原子論は証拠がないため疑わしいとされていたが、後に、元素や分子の成り立ちを説明する理論として認められた。

ず簡単な整数比になるという法則である。1804年にドルトンはこれらの法則を説明する理論をつくった。この原子論には主な原則が4つある。

- 元素は原子でできている。
- 同じ元素の原子はすべて等しい。
- 異なる元素の原子は一定の割合で結合して化合物となる。
- 原子を新たにつくったり壊したりすることはできない。どんな化学反応も、何らかの形で原子が結合したり、分かれたり、配置が変わるだけである。

問題が多かったドルトンの原子量

また、ドルトンは、化学物質の相対的な重さを求める試みを始めた。水素、酸素、炭素、窒素のさまざまな化合物を使って、相対的な質量の概算値を計算することができた。つまり、先ほどの定比例の法則を使って、化合物の形（分子式）を手探りで仮定しながら、できるだけつじつまが合うように相対的な重さ（原子量）を決めていったのだ。しかし、仮定した形に間違いがあり、また実験の誤差も大きかったため、ドルトンが求めた原子量には誤りが多かった。

ドルトンは、さまざまな元素や化合物の重さを示す表を作成し、その完全版を、1808年に出版した『化学の新体系』に初めて掲載した。表には、原子量の順に元素が並べられている。原子量が1の水素から始まり、炭素が5、酸素が7、硫黄13、鉄38などが続く。これらの元素を組み合わせて、化合物についても相対的な分子量を計算することができた。例えば、水分子は、（酸素原子と水素原子が1つずつの化合物だとドルトンは考えたため）、

↑ドルトンの元素記号：著書『化学の新体系』でドルトンが提案した、さまざまな元素記号。後に、現在も使われている文字で表現される元素記号に取って代わられた。

分子量は8とされた。またアルコールは、炭素原子3つと水素原子1つからできていると考えたため、分子量は16とされた。

現在では、ドルトンのこのような研究には根本的な欠陥があることが分かっている。その大部分は、原子に対するこの時代の勘違いや、化合物の構造についての理解不足（先ほどの水やアルコールがその例である）に原因がある。ドルトンの研究は、イタリア人科学者のアメデオ・アボガドロ（1776～1856年）のおかげで、1811年に大幅に改善された。原子の質量がかなり正確に計算され、多くの気体が二原子分子（自然な状態で2つの原子が結合してできた分子）であることが分かったのだ。その後、原子そのものを説明したアーネスト・ラザフォードとニールス・ボーア（p116～123を参照）によって、原子論はさらに発展することとなった。確かに欠点はあったのだが、ジョン・ドルトンの理論は本質的には正しいものであり、初期の原子物理学の基礎がつくられたのだ。

カルノー、完全な熱機関について説明

熱と温度は、物理学において、最も重要でありながら理解しづらい分野だろう。1800年代の初め、蒸気機関は産業革命を牽引しており、科学者はこの新技術の能力のすべてを引き出すべく努力していた。その鍵を握るのが、「熱力学の父」と呼ばれることになるサディ・カルノー（1796～1832年）だった。

フランス人のニコラ・レオナール・サディ・カルノーは、ナポレオン政権や戦時内閣の高官を務めた人物の息子であった。学問に秀で、有名なエコールポリテクニークの入学試験に、16歳という入学可能な最小年齢で見事合格した。卒業後は工兵隊に入隊し、参謀本部へと移った後、予備役についた。この時期にカルノーはパリで開かれる講座や講義に出席するようになり、さまざまな科学分野、特に産業機械と気体の働きに関心をもつようになる。彼を特に魅了したのが、この2つの組み合わせである蒸気機関だった。

カルノーが取り組んだ2つの大問題

この時代の産業社会で広く使われていたのが蒸気機関である。沸騰させた湯を機械の動きに変えるこの仕組みが、紡績から鉄の鋳造まで、さまざまな産業で使われていた。フランスでは、蒸気機関の技術は普及していたものの研究はほとんど進んでおらず、イギリスに大きく差をつけられていた。熱の働きに関する主な理論といえば、不正確な熱素説（カロリック説とも呼ばれる）しかなかったが、これは熱を互いに反発しあう流体とみなして熱の伝播を説明しようとする学説だった。

サディ・カルノーの時代に蒸気機関が抱えていた問題は、その効率が非常に悪いことだった。効率とは、あるプロセスに供給されたエネルギーに対する、使用されたエネルギーの割合である。例えば、電球は電気を受け取って光を生み出すわけだが、電気の一部は、熱やわずかに聞こえる小さな音となって消費される。蒸気機関は、その発明から100年以上経っていたが、最大でも5%の効率でしか運転できていない状態だった。

カルノーは、「熱機関の効率に限界はあるのか」「蒸気以外のもので熱機関を動かせるか」という2つの大きな問題に取り組んだ（＊訳注：熱機関とは熱を機械の仕事に変える仕組みのこと）。そして、自身の回答をまとめた著作『火の動力についての考察』を1824年に発表した。一般の読者を対象とした本で、数学はほとんど使われず、複雑な部分は脚注で説明されていた。

⊟サディ・カルノー：厳しい軍役を終えたカルノーは、科学への愛情を注ぎ込み、当時の最大の問題を解決しようとした。

ファラデー、最初の発電機をつくる

現代社会は電気で動いている。電話、コンピュータ、車、他にも数え切れない日用品が電気に頼っている。ほとんどすべての電気は、発電機によってつくられる。この発電機を最初につくったのがマイケル・ファラデー（1791 ～ 1867 年）であり、1831 年のことだった。

ファラデーは 1791 年にロンドンで生まれた。初等教育しか受けず、14 歳で近くの製本業者の見習いとなった。働きながら独学で勉強して、王立協会の講義を聴講し始め、特に化学者のハンフリー・デービー（1778 ～ 1829 年）の講義に熱心に通った。ファラデーが 300 ページもの詳細な講義ノート（自分で製本したもの）をデービーに送ったのをきっかけに、学問を通した交流が生まれる。1813 年、事故で怪我をしたデービーは、ファラデーを助手として雇った。

ファラデーは化学の分野で科学者としての業績を積み始める。デービーの助手をしながら独自の研究も行った。非常に多くの化学物質の研究と分類を行い、ブンゼンバーナーの基本の形をつくり、電気分解（物質に電気を流し、化学変化を起こさせること）の法則を発見し、後には金属ナノ粒子（物質中の微小な金属粒子）の現象を発見している。

ファラデーが電気を使う実験を初めて行ったのは、1812 年のことだ。ペニー銅貨と亜鉛の小円盤の間に塩水にひたした紙を挟んで積み重ねて、連続的な電流を生み出し（初期の電池と同じ仕組み）、これを使ってさまざまな化学実験を行った。電気と磁気の間に関係があることが初めて分かったのは 1820 年のことだ。ハンス・エルステッド（1777 ～ 1851 年）が、電流を発生させる装置のスイッチを入れた

←**独学の人**：1842 年に描かれたマイケル・ファラデーの肖像。ファラデーはほとんどを独学で学んで、ハンフリー・デービーの助手となった。

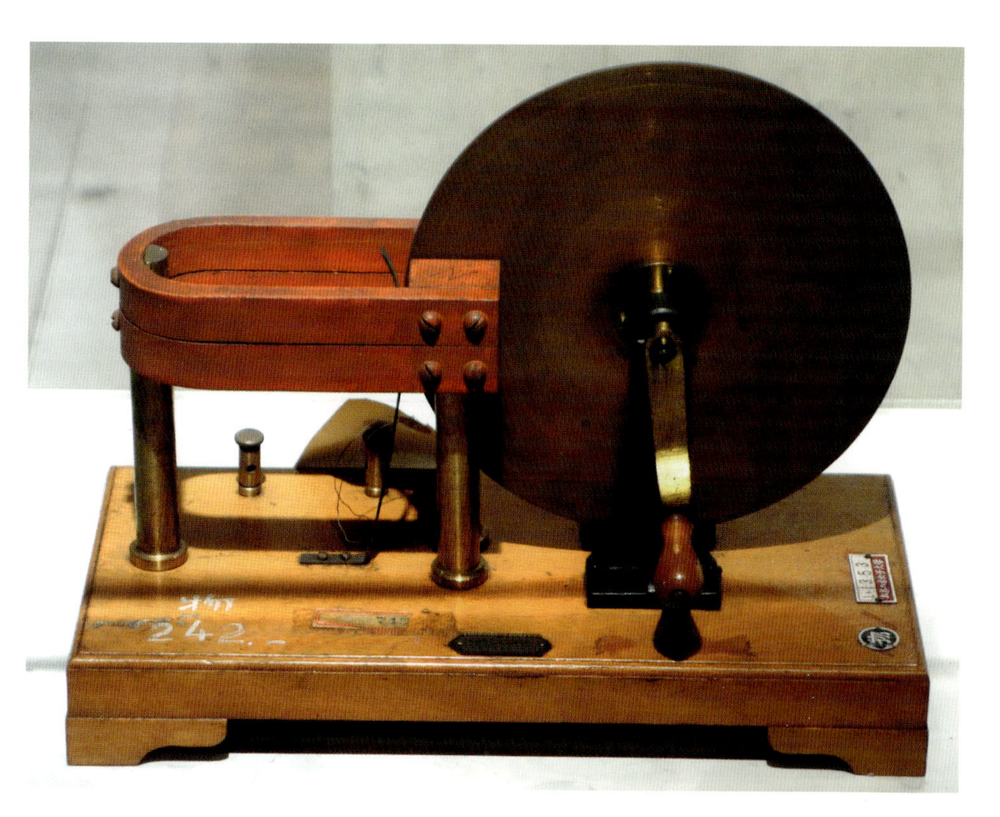

り切ったりすると、そばにある方位磁針の針が揺れることに気づいたのだ。この発見を受けて、デービーは科学者のウィリアム・ウォラストン（1766 ～ 1828 年）と、この効果を使って電気を運動に変える機械、つまり電動機をつくろうとした。この試みは失敗したが、2 人はその内容をファラデーに詳しく話した。1821 年にファラデーが電動機をつくったのだが、ウォラストンとデービーの機嫌を損ねてしまう。

ファラデーはその後 10 年間、光学の研究と、多くの物質の電磁的な特性の調査を行っていた。電磁気を使った発電機の開発に本格的に乗り出したのは、デービーが亡くなって 2 年後の 1831 年のことだった。

↑発電機：初期につくられた「ファラデーの円盤」。ハンドルを回すと円盤が回転し、導線に電流が流れる。

ファラデーの円盤とは何か

ファラデーがつくり上げたのは、後に「ファラデーの円盤」と呼ばれることになる単極発電機だ。銅製の大きな円盤の軸の片側に導線が、反対側にハンドルが取り

ハミルトン力学とラグランジュ力学、定式化される

物理学は数学を使って表現されるのだが、適用する数学の形式が変わると、問題がより簡単になったり、逆に難しく見えたりすることがある。物理学で使われる数学の形式はたくさんあるが、ハミルトン力学やラグランジュ力学の導入は特に重要だ。

物理学にとっては数学が言葉である。ときには母国語でも、考えや気持ちを表現するのが難しいことがあり、そんなときには外国語から借りてくることもあるだろう。例えば、「デジャブ（既視感）」「フォーパ（無作法）」「シャーデンフロイデ（他人の不幸を喜ぶこと）」などは、いずれも英語では適切な用語がない概念を表すために、英語に組み込まれた言葉である。物理学でも、さまざまな形式の数学（さまざまな言語に対応）を用いることによって、物事を簡単に表すことができる場合がある。

ニュートン力学は力を基礎として組み立てられている。2つの物体の間に働く相互作用を計算しようと思ったら、さまざまな力が逆方向に働くか同じ方向に働くかといったことを考える。惑星の動きのような、大きなスケールの系の動きを調べる際にはよい方法であるし、単純な相互作用が多数ある系に対しても適切である場合が多い。しかし、方程式はすぐにとても複雑なものになる。例えば、振り子の先におもり（質量）が揺れていて、そこにさらにおもりのついた振り子がぶらさがっている二重振り子の数学となると、多くの2階微分方程式が必要となるが、いうまでもなく、取り扱いが難しく、解くのに時間がかかる。

ラグランジュ力学は、ジョゼフ＝ルイ・ラグランジュ（1736 ～ 1813 年）によって 1788 年に定式化された、力ではなくエネルギーに基づく形式だ。先ほどの二重振り子を例にすると、ニュートン力学では各質量の3次元（高さ、幅、奥行き）における張力、重力、抵抗力を考えなくてはいけないが、ラグランジュ力学で必要となるのは各質量の重力エネルギーと運動エネルギーのみである。ただ、気をつけてほしいのは、どちらの形式でも、表されていることは厳密に同じ内容であるということだ。同じことを違う形で表現しているだけである。

ハミルトン力学は、ウィリアム・ハミルトン（1805 ～ 1865 年）によって 1833 年に定式化された。数学には立ち入らないが、ハミルトン力学で用いられるハミルトン形式は統計力学や量子力学で有用に使われている。量子力学の一つの表現であるシュレーディンガー方程式では、ハミルトン形式の量が現れる。ニュートン力学をより一般化したハミルトン力学によって、量子力学を扱うことも容易になったのだ。

→ 数学におけるパイオニア：1800 年頃のジョゼフ＝ルイ・ラグランジュの肖像。彼がつくった新しい数学体系によって、多くの新たな発見への扉が開かれた。

ラグランジュ力学

ラグランジュ力学では、系の力ではなくエネルギーに注目する。それのどこがそんなに重要なのかと疑問に思うだろう。理由は、素粒子のレベルまで達すると、ほとんどすべてがエネルギーの観点から計算されることにある。質量、位置、速度、それ以外の変数が、すべて、系のなかのエネルギーの量に直接依存している。つまり、エネルギーに基づく形式を使うならば、どんな系を扱う場合でも計算がずっと簡単になる。

ニュートン力学では、位置や速度のような物理量は常に値が 1 つだけに決まる。例えば x=4、v=3 といった値になり、それはハミルトン力学でも同様である。量子力学では物理量には一般に不確定性があり、x=3.9、4.0、4.1 といった離散的な値や、連続的な値をとりうる。量子力学が統計的な答えを出すことは直感的には理解しがたいが、真実であり、ハミルトン形式やラグランジュ形式は、その量子力学が生み出されるための土台として役立った。

ボツルマン、確率や統計を物理学に取り入れる

ウィリアム・ハミルトンがつくった数学的形式などを用い、統計力学という新分野を切りひらいたのが、ルートヴィッヒ・ボルツマン（1844 ～ 1906 年）だ。原子や物質の性質を扱うこの統計力学が、量子力学への第一歩となった。

ルートヴィッヒ・ボルツマンはウィーンで生まれた。少年時代は自宅で家庭教師から学び、その後、リンツの学校に通った。1863 年からウィーン大学で物理を学び、3 年後に気体分子運動論の研究で博士号を取る。講師として働き、ヨーゼフ・シュテファン（1835 ～ 1893 年）の助手を務めた。1869 年にグラーツ大学で数理物理学の教授となる。

その後も気体分子運動論の研究を続け、1872 年に発表したのがボルツマン方程式だ（ボルツマンの輸送方程式とも呼ばれる）。この方程式では、完全な平衡状態にはない熱力学系（つまり温度差のある系）の振る舞いが統計的に表されている。ボルツマン方程式を形式的に表すと次のように書ける。

$$\left(\frac{\partial f}{\partial t}\right)=\left(\frac{\partial f}{\partial t}\right)_{力}+\left(\frac{\partial f}{\partial t}\right)_{拡散}+\left(\frac{\partial f}{\partial t}\right)_{衝突}$$

この方程式は、例えば次の式のように、とても複雑な形になってしまう。

⇐ルートヴィッヒ・ボルツマン：彼が確立した手法のおかげで、科学者は膨大なデータを扱うことができるようになった。

$$\left(\frac{\partial f}{\partial t}\right)_{衝突}=\iint g I(g,\Omega)[f(\mathbf{p}'_A,t)f(\mathbf{p}'_B,t)-f(\mathbf{p}_A,t)f(\mathbf{p}_B,t)]d\Omega d^3\mathbf{p}_A d^3\mathbf{p}_B$$

この式では、ある粒子が動くあらゆる可能性がまとめて表現されている。ニュートン力学では、一つひとつの粒子の時間ごとの位置を解析的に求めるのだが、それとはまったく違う考え方だ。短い時間の後に、たくさんの粒子が、ある小さな空間内に存在し、運動量もある小さな範囲内で変化する確率を調べているのだ。

ものの見方が根本的に変わったことで、非常に大きな影響が現れた。物体の熱の移動や物質の伝導性といった分野で、それまでできなかった計算が可能となった。解析的ではなく統計的に計算するこの新たな手法によって、ずっと多くの種類の計算ができるようになり、方程式が解けるようになった。こうして開かれた扉の先には統計力学が、さらにその先には量子力学が待っていた。

シュテファン＝ボルツマンの法則

ボルツマンと彼を指導したヨーゼフ・シュテファンは、それぞれが、物体からの放射の特性を表す法則を探していた。シュテファンが 1879 年に発見し、1884 年に

ボルツマンが熱力学を使って証明した法則が、この式だ。

$$j^*=\sigma T^4$$

この式が示すのは、「黒体」（外から入る放射を完全に吸収する理論上の物体）から放出されるエネルギー量が、絶対温度の４乗に比例するということだ。σ は、T^4 を扱いやすい単位に変換してくれるシュテファン＝ボルツマン定数であり、その値は、5.67×10^{-8} (W m^{-2} K^{-4}) である。

これは、放出される光の量のみから物体の温度が分かるという、重要な式だ。この式を使って温度が求められた最初の有名な例が、太陽である。シュテファンが算出した太陽の表面温度は5700Kであり、現在、太陽の表面温度とされている5778Kとかなり近い。この式を使えば、宇宙の他の恒星の温度も、月や惑星やその他の天体の温度も計算できるのだ。

マクスウェル＝ボルツマン分布

ボルツマンは科学者のジェームズ・クラーク・マクスウェル（p96～99参照）と同じテーマでの研究を行い、系の粒子の速度の確率分布を導出した。たくさんの粒子の速度を分布としてまとめて表すことで、グラフで確認できる理解しやすい形になっている。マクスウェル＝ボルツマンの分布は次の式で表される。

エントロピー増大の法則

ボルツマンは、熱力学第２法則（孤立系のエントロピーは時間経過に伴い増大するか変化しないかである）についても多いに貢献している。彼はボルツマン方程式を使ってH定理を導いた。これは、希薄気体のエントロピーが増大する傾向を表した定理である。この導出によって、数年前に提案されていたエントロピーの概念が具体的な形で見事に表現された。抽象的な概念だったエントロピーに分かりやすい形での意味づけがなされたのだ。

このように統計的な観点から解釈されたことで、熱力学第２法則はエントロピー増大の法則（無秩序の法則）として知られるようになった。トランプで考えてみよう。箱から出したばかりの新品のトランプは、すべてのカードが順序正しく並んでいる。カードを何回か切ると、順序が崩れ始める。ランダムにカードを切り続けた場合に、箱に入っていた順番どおりにたまたま並ぶ可能性は確かにあるが、その確率は天文学的に小さい。$1/(8.07 \times 10^{67})$、厳密には、80,658,175,170,943,878,571,660,636,856,403,766,975,289,505,440,883,277,824,000,000,000,000分の１の確率である。

つまり、現実的には、元の状態に戻ることは決してなく、カードを切るほど乱雑になる傾向がある。面白いことに、カードの並び順には驚くほど多くの可能性があるので、確率的にいえば、カードを切るたびに人類史上かつて起こらなかった順序でカードが並ぶことになる。

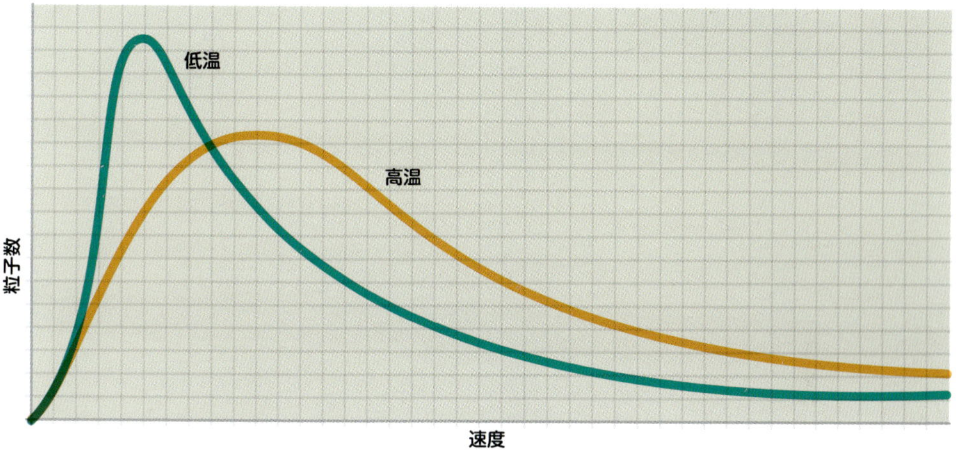

$$f(v) = \sqrt{\left(\frac{m}{2\pi kT}\right)^3} 4\pi v^2 e^{-\frac{mv^2}{2kT}}$$

↑マクスウェル＝ボルツマン分布：ここでは２種類の異なる温度での分布を示している。高温であるほど、分布の幅がより広くなる。

これを２通りの異なる温度に対してプロットしたのが上のグラフだ。

ある粒子系の速度分布のグラフであり、ピークは、多くの粒子がこの速度をもつことを意味する。最低速度からこのピークに向けて急な立ち上がりがあるが、ピークを超えると、速度が大きくなるにつれて粒子の数が減ることが分かる。また、系にエネルギーを与えると（つまり温度を高くすると）、粒子数がピークとなる速度が大きくなる（右にずれる）ものの、ピークの速度をもつ粒子数は少なくなる（山の高さが低くなる）。

この分布からさまざまな値が計算できる。例えば、グラフがピークとなる速度（最大確率速度）、つまり任意の粒子が最もとりそうな速度の値は、次の式となる。

$$v_p = \sqrt{\frac{2kT}{m}}$$

また、任意の粒子の平均速度は次の式となる。

$$\langle v \rangle = \frac{2}{\sqrt{\pi}} v_p$$

このような統計的な計算は量子力学でもよく用いられる。この計算法から抽出できるのは確率である。グラフを使うと、ランダムに選んだ粒子がある速度をもつ確率を示すことはできるのだが、その粒子の速度を特定することはできない。

マクスウェル、電磁気理論を完成させる

マクスウェルの方程式は、物理学において最も重要な式といえる。現在では「電磁場」として知られる、電場と磁場について知るべきことのすべてが含まれている。ジェームズ・クラーク・マクスウェル（1831 ～ 1879 年）がすべての式を発見したわけではないが、それらをまとめあげた形で世界に向けて発表し、それぞれの式のつながりを示してみせたのだ。

ジェームズ・クラーク・マクスウェルは、1831 年にスコットランドのエジンバラで生まれた。14 歳で初めて書いた論文は卵形線がテーマで、紐を使って卵形線を作画する方法やさまざまな楕円や卵形線の性質を調べたものだった。これは高く評価され、エジンバラの王立協会で代読者により発表された。

16 歳で、ケンブリッジ大学を蹴って、敬愛する先生のいるエジンバラ大学に入学した。自分自身の研究に専念し、「弾性固体の平衡」や「転曲線の理論」など、多くの論文を発表する。その後、ケンブリッジ大学で学び、1854 年の卒業後すぐに、数学的な論文をケンブリッジ哲学協会で発表した。また自身が学んだトリニティカレッジのフェローに申請し、1855 年 10 月 10 日にフェローとなり、講義の準備を始めた。しかし、アバディーン大学のマリシャルカレッジの自然哲学教授の席が空いたので応募し、教授職を得て、ケンブリッジを去った。マリシャルカレッジでは土星の環の構造などさまざまなテーマに取り組んだが、1860 年に他のカレッジと統合されアバディーン大学が設立されるにあたり、突然に職を失ってしまう。マクスウェルはロンドンに移り、キングス・カレッジ・ロンドンの自然哲学の教授となった。

マクスウェルが電磁気学に力を注いだのはこの時期である。アンペールの法則を使って電磁波の速度を計算し、光の速度と等しいことを示し、光が電磁波の一種である可能性を示唆した。彼は電場と磁場に関するあらゆる知識を集め始め、1861 年に発表した論文「物理的な力線について」ではすでに方程式の原型を示している。そして、1864 年に発表した「電磁場の動力学的理論」や、1873 年の著作『電気磁気論』で、マクスウェルの 20 の方程式によって古典電磁気学が完成され、ファラデーの電気力線と磁力線の考えも数学的に正確に表されることになった。ベクトル表記を使って、今ある 4 つの基本方程式にまとめ直したのは、イギリス人科学者オリバー・ヘヴィサイド（1850

⇥ **ジェームズ・クラーク・マクスウェル**：彼はどの方程式もゼロから発見したわけではないが、すべてをまとめて提示したことが大きなステップとなった。

マイケルソンとモーリー、何も見つけられず

科学における現実として、結局何も分からなかった実験というのは想像以上に多いものだ。こういった実験は「否定的な結果」といわれる。残念なことのように思えるかもしれないが、「肯定的な結果」と同じくらいの重要性をもつ場合がある。特にここで紹介する「否定的な結果」は、科学史上で最も重要な結果の一つだろう。

エドワード・モーリー（1838 ～ 1923 年）は子どもの頃は病気がちで、19 歳まで家庭で教育を受けていた。マサチューセッツ州のウィリアムズ大学に進学すると、機器製作の才能を開花させ、クロノメーターを製作し、同大学の緯度を厳密に測定するなどしている。1868 年にはオハイオ州のウェスタン・リザーブ大学で化学の教授となり、1906 年の退職までそこで勤めた。

アルバート・マイケルソン（1852 ～ 1931 年）はプロイセンで生まれた。2 歳のときに一家はネバダ州に移住する。マイケルソンは学業のためにサンフランシスコに移り、叔母のもとで暮らした。特別に任命されて入学したアメリカ海軍兵学校で科学に興味をもつようになり、光の速度を正確に測定する実験をここで初めて行った。海軍を退役してから、1883 年にオハイオ州クリーブランドで物理学の教授職につく。これがきっかけとなり、研究を通して知り合ったモーリーに協力を仰いで、これまで成功していなかった、「エーテル」を観測する実験に取り組むことにした。

↓「エーテルの風」：19 世紀終わりには、エーテルのなかで地球が動くことによって「エーテルの風」が生じると仮定されていた。

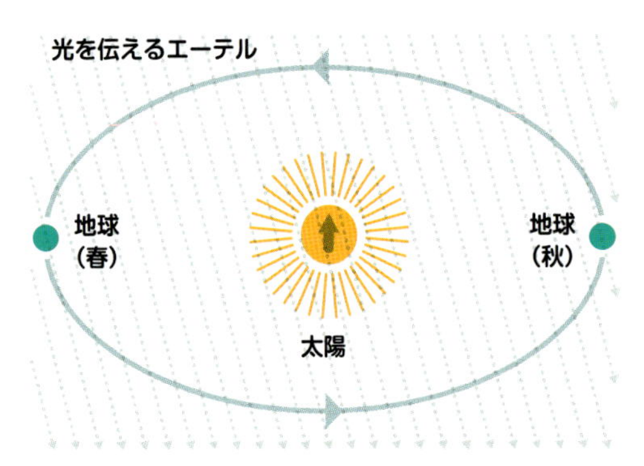

エーテルとは何か

今はもう廃れてしまった「エーテル」という概念だが、現代の科学には対応するものがないため、なかなか理解しづらい。エーテルとは、（音波が空気中を伝わるのと同じ形で）光の波が伝わるのに必要な媒質で、あらゆる空間を満たしている物質だと考えられていた。宇宙空間のような真空でも光は伝わるのだから、エーテルが真空中にも存在するはずだと考え

↑受賞者たち：アルバート・マイケルソン（左）は、ノーベル物理学賞を受賞した最初のアメリカ人である。エドワード・モーリー（右）は、化学分野での優れた業績に対して与えられるデービーメダルを受賞している。

られていたのだ。

エーテルはなぜ重要だったのだろう。仮に、アルベルト（A）、ブノワ（B）、コペルニクス（C）の3人がいるとしよう。Aは広場の椅子に座っており、Bは広場の横の道路を走るバスに乗っており、Cは道路に沿って敷かれた線路を走る列車に乗っている（バスと列車の進行方向は同じとする）。バスの速度計は時速20㎞、列車の速度計は時速50㎞を示している。これらの乗りものが広場の脇を通り過ぎるとき、静止しているAから見ると、Bは時速20㎞、Cは時速50㎞で動いているように見える。だがBからすると、Cは前方向にたった時速30㎞で進んでいるように見え（Cの速度50㎞から自分の速度20㎞を引いている）、Aは後ろ方向へ時速20㎞で動いているように見える。さらに混乱することに、Cから見ると、Aは後ろ方向へ時速50㎞で、Bも後ろ方向へ時速30㎞で動いているように見える。それぞれが相反する視点をもつわけだが、実際には、誰がどれくらいの速度で動いているのだろうか。

この問題は、さまざまな基準系という考え方によって、あるいは定速度をもつ光という考え方によって、さらに複雑になる（心配ご無用、これらの考え方についてはp124～127で説明する）。だが、マイケルソンとモーリーの時代には、答

↑ マイケルソンとモーリーの実験室：マイケルソン・モーリーの実験で使われた装置の写真。

えは簡単だった。あらゆるものを満たす浸透性の物質と考えられるエーテルが静止しているものとして、それ以外のすべてのものはエーテルを基準として計算できるとされたのだ。

エーテルの重要性とは、まさに、ものが動く速さを計算するための基準が得られる点にあった。動く2つの物体の互いに対する相対的な速度は問題とはならず、静止したエーテルに対する物体の速度のみが重要なのだ。この考えによって、物事はずっとシンプルになる。先ほどの例を考えてみよう。A、B、Cの速度を、他のすべての速度と相対的に計算するには、他の要因も必要になる。まず、地球が太陽の周りを回る速度は時速約108,000㎞、太陽系は銀河のなかで時速828,000㎞の速度で移動しており、さらにその銀河系も動いている。計算すると、Aは時速約3,000,000㎞の速度で、BとCは乗りものの速度に応じてわずかに異なる速度で動いているといえる。

エーテルは存在しなかった

マイケルソンは、当時の物理学の中心であったエーテルの、地球に対する相対速度を測定することにした。自分の最初の実験では予想される変化を検出するだけの精度を出せなかったので、モーリーと組んで実験を続けることにした。

この実験で使われるのがハーフミラーだ。ハーフミラーに向けて照射した光は、半分は通り抜け、半分は反射する（つまり光線が2つに分けられる）。それぞれの光線は別の鏡で反射され、戻ってきて検出器に入る。この2つの光線が干渉を起こすはずである（ヤングの二重スリットの実験：p76～79参照）。地球がエーテルを通り抜けることで生じるエーテルの風の向きと光線の移動経路の位置関係によって受ける影響が変わるので、検出器で生じる干渉縞（ヤングの実験で生じるものと似た干渉縞）がエーテルの風向きによってわずかに変化することが予想される。その変化によって、エーテルの存在が証明できるはずなのだ。

だが、実験の結果、そういった変化は生じなかった。干渉縞のずれはなく、エーテルの証拠は何も得られなかった。実験装置は水銀のプールに浮かんでいたので、エーテルの風向きを見つけられるよう回転させられたのだが、それでも結果は出なかった。1年を通して何度も実験が行われたが、毎回、何も検出されなかった。

ようやく、わずかな変化が検出されたのだが、それも装置の不備による誤差だということが明らかとなった。1887年に友人の物理学者レイリー卿に送った手紙に、マイケルソンは次のように記している。

地球とエーテルの相対運動に関する実験を終えましたが、結果は明らかに否定的なものでした。干渉縞のゼロからのずれは1つの縞に対して0.40であることが予想されていましたが、ずれは最大でも0.02、平均では0.01よりもずっと小さく、期待された値ではありませんでした。ずれは相対速度の2乗に比例するので、もしエーテルが通過しているとしても、その相対速度は地球の速度の6分の1より小さいことになります。

専門的な記述ではあるが、つまりは結果が出なかったことを認めているのだ。2人は速度差を突き止めるために通年の実験を計画したが、その実験ではエーテルの存在を示せなかった。1903年と1904年には他の科学者によってさらに進んだ実験が行われたが、やはりエーテルが存在しないことが示された。この発見、つまり「存在しないことが示されたこと」こそが重要であった。これによって、物理学者の宇宙に対する考え方が変わり、相対性理論の構築につながったのである。

↓**マイケルソン・モーリーの実験**：光線は中央のハーフミラーで2つに分割され、それぞれ別の鏡で反射されて検出器に入る。

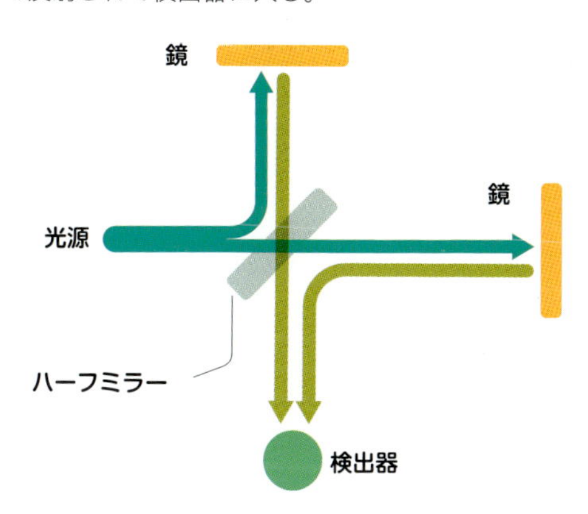

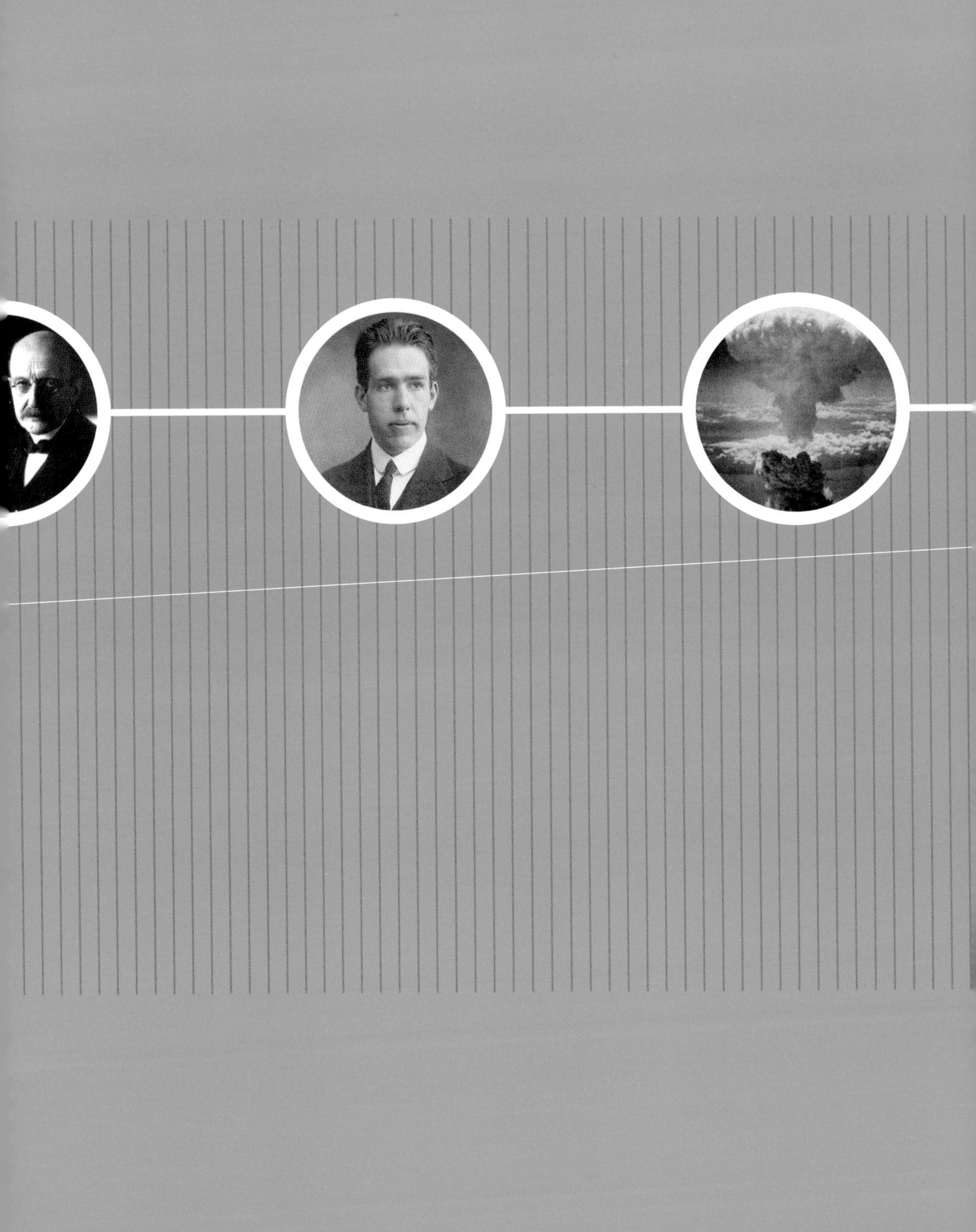

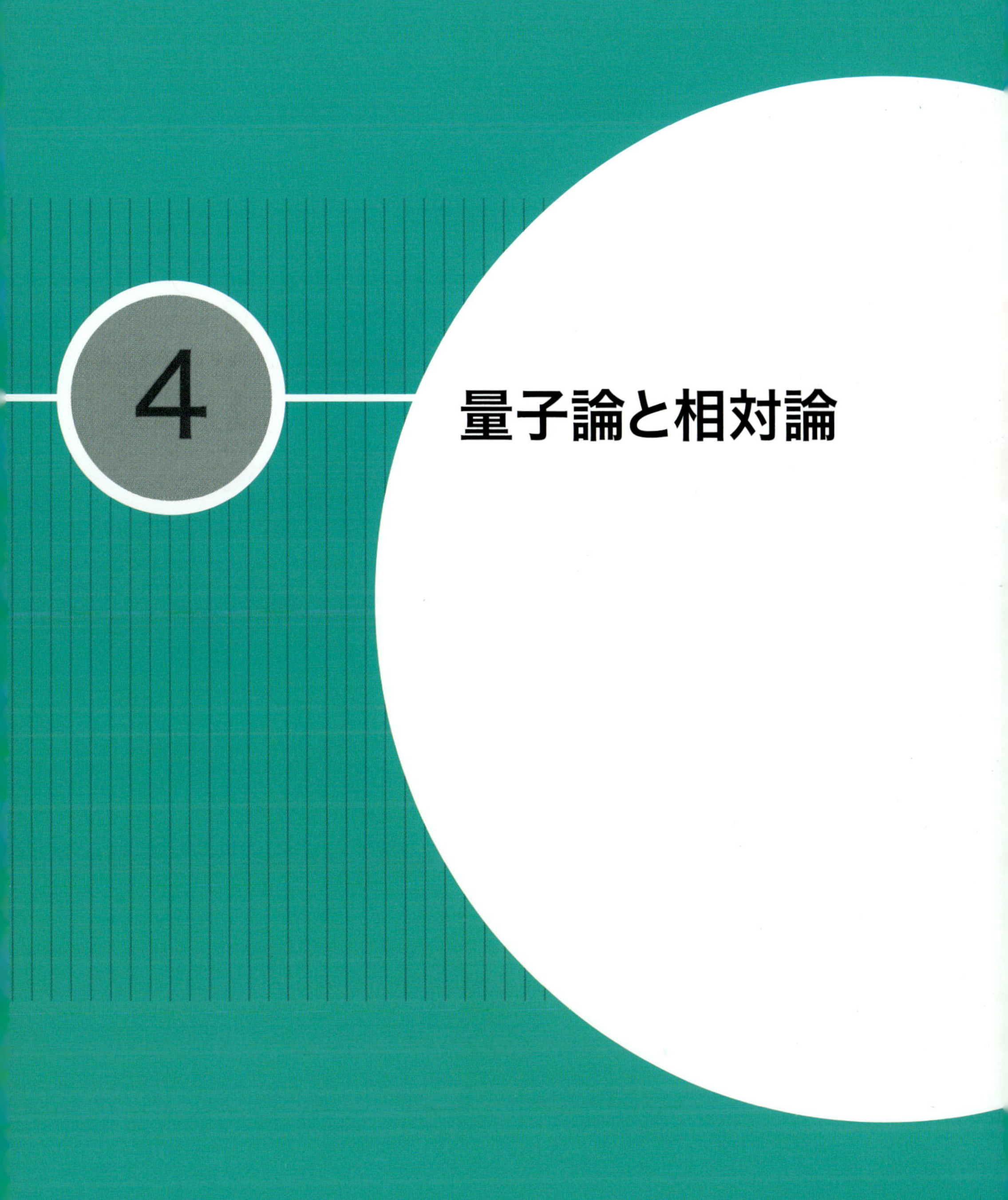

4 量子論と相対論

プランク、紫外発散を解決する

古典物理学によってさまざまな現象がうまく説明されたが、完全ではなかった。400年ほど前に崩れ始めた太陽中心的な宇宙観のように、古典物理学にも限界が見え始めていた。何かしらの打開案が必要だったが、その最初の兆しは、当時の物理学で最大の難問であった紫外発散に対し、マックス・プランク（1858～1947年）が提示した解決策のなかにあった。

マックス・プランクは、1858年に教育水準の高い中流階級の家庭に生まれた。プランクがまだ子どもの頃に一家はミュンヘンへと移り、プランクはマクシミリアン中等学校に入学する。学校では優秀な成績を修め、数学や古典力学、天文学について特別な指導を受けてその才能を伸ばした。飛び級で高校を卒業し、ミュンヘン大学に進学する。最初は気体の拡散の実験を行っていたが、やがて理論物理学に足を踏み入れる。古典物理を熱心に学び、マクスウェルの電磁気学（p96～99参照）と熱力学の法則に焦点を当て、博士論文では熱力学をテーマとした。この分野の研究を引き続き行いつつ、無給の講師となって教授職を探し、いくつかの教職を経て、1892年にベルリン大学の教授となった。そこで研究テーマとして与えられたのが、電球を効率化する方法であった。彼は完全に理論的な黒体から始めて、現実的な問題を解決していくのが最善のアプローチだと考えた。

黒体とは、外から入射するあらゆる光と電磁波を吸収すると仮定された、理論上の物体である。黒体は、入射したすべての光を100%の効率で放射するとされる。つまり、100ジュールのエネルギーをもっている黒体は、全エネルギーをあらゆる方向に均一に放射するのだ。むろん黒体は理想化された物体であって、実在する物体の場合は、吸収や放射の効率は100%よりも小さい。しかし、星のような実際の物体に対する理論を確認するために、黒体がよい近似として使われる場合もある。

1905年、イギリスの科学者レイリー卿（1842～1919年）とジェームズ・ジーンズ（1877～1946年）は、レイリー＝ジーンズの法則を発表した。これは、任意の波長について、黒体から放出される放射輝度（一定の表面積から放出される放射の量）を表したものである。だがこの法則は、波長が長い領域でしか実験値と一致しなかった。グラフを見ると、波長が短くなるほどずれが大きくなることが分かるだろう。しかも、レイリー＝ジーン

→ **変化をもたらした研究**：1930年代初頭のマックス・プランクの写真。彼の思いがけない発見によって物理学に革命的な変化が起きた。

アインシュタインの「奇跡の年」

アルベルト・アインシュタイン（1879～1955年）は、歴史上、最も有名な物理学者として知られている。子どもの頃は、型破りな部分もあるが、平凡な生徒だったという。だが、1905年、将来性がないと感じていた仕事から抜け出せなかった時期に、アインシュタインは物理学をほぼ完全に変えてしまう4本の科学論文を発表したのだ（＊訳注：学位論文も合わせて5論文とされることも多い）。

アルベルト・アインシュタインは、1879年にドイツのウルムという小さな町で生まれた。1880年、一家はミュンヘンに移り、技術者でセールスマンの父親が電気機器の会社を設立した。アインシュタインは公立学校で教育を受けたが、目立つところのない子どもだと思われていた。15歳のとき、父親の会社はミュンヘンに電気を供給するという大きな契約を逃してしまい、仕事を見つけるため一家は引越すことになった。

家族はイタリアのパヴィアに移ったが、学校のあるアインシュタインはミュンヘンに残った。だが学校に嫌気がさし、医者から診断書をもらうと、家族を追ってパヴィアに移った。スイスの大学に入るための準備を数年間して、ドイツ国籍を放棄さえしている（徴兵を逃れるためだったともいわれている）。ほとんどの科目の成績は平凡だったが、数学と物理は飛び抜けており、17歳でチューリッヒ工科大学の数学と物理の教職課程に進むことができた。

卒業後、教職につけなかった彼は、スイスのベルンにある特許庁で職を得て、機械関係の特許の審査をするようになった。仕事は退屈だったが、考える時間だけはたっぷりあった。特許審査をこなすうち、当時の技術の課題や限界、特に電気信号と同時性の問題に出会うことになる。この経験がもとになって、革新的なアイデアが形になったのだと考えられている。この時期に、アインシュタインは論文を発表し、自身の研究を続けていたが、物理学にとっての大きな貢献をいくつも成し遂げたのは1905年のことだった。

「科学界の星」となったアインシュタイン

アインシュタインにとっての1905年は、「アヌス・ミラビリス」（ラテン語で「奇跡の年」の意）といわれている。26歳で、まだ特許庁で働いていた時期だ。その1905年に、博士論文を完成させてチューリッヒ工科大学で博士号を取っただけでなく、4本の革新的な論文を発表したのだ。そのぞれぞれが物理学を刷新する内容であり、立て続けに発表したことで、あっというまに「科学界の星」の地位にまで上りつめたといえる。

→天才による講義：ウィーンで講義中のアルベルト・アインシュタイン、1921年の写真。後にアメリカへと移住する。

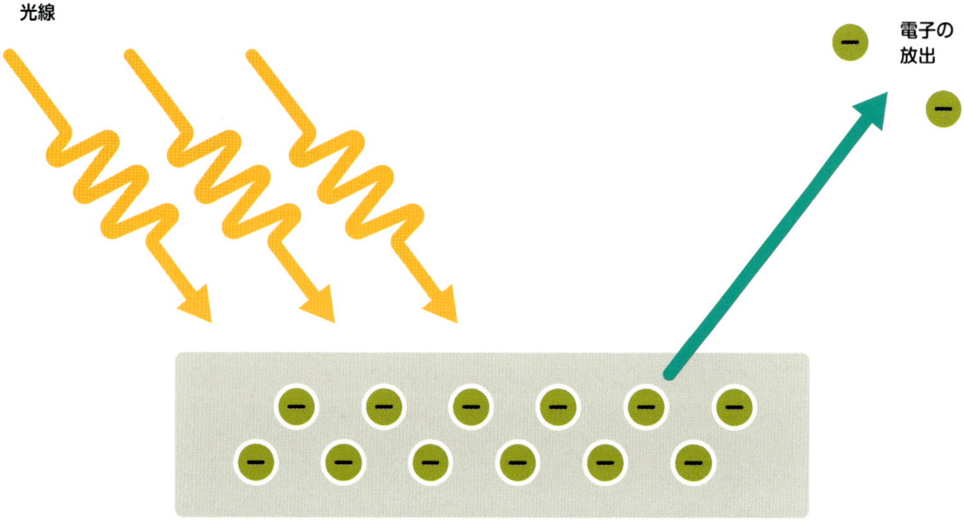

光線

電子の
放出

光電効果

光電効果とは、金属片に光を照射すると電子が放出される現象である。ある一定値以上の振動数の光でないと生じないことが、実験により示されていた（必要な振動数は金属の種類ごとに異なる）。しかしこの実験結果は、光の波動論とは真っ向から対立するものだった。波動論に従えば、光電効果が起こるために必要なエネルギーを与えるには、光を単に十分に長い時間照射すればよく、光の振動数には関係ないはずなのだ。

アインシュタインはこの疑問を光子というアイデアで説明した。光子とは、すべてのエネルギーをまとめて運ぶ波束である。振動数が十分に高い値でなければ、光子は電子を放出するだけの十分なエネルギーをもたないとしたのだ。この仮説により、アインシュタインは光電効果を解明しただけでなく、光には波と粒子の両方の性質があることを示し、ここから

↑ **光電効果**：光をあてると電子が放出される現象の模式図。

粒子と波動の二重性の理論（p140～143参照）が始まった。さらに、光子は常に量子化されたエネルギーをもつことを示し、それによって確かな実験的根拠を得たプランクの量子論が、物理学の最前線に躍り出たのだ。

ブラウン運動

1827年、ロバート・ブラウン（1773～1858年）は、水にひたした花粉の粒から現れた粒子を観察して、これらの粒子が常に変化するランダムな動きを見せることに気づいた。ただ、何かによって引き起こされた動きに見えるのだが、その原因までは分からなかった。

アインシュタインは、粒子の動き方について、またその原因についての説明に成功した。彼の理論は統計力学を使って

粒子の動きを表したもので、無数の微小な物体が粒子にぶつかることで、そのような奇妙な運動が生じることを説明した。この理論は、後に、ジャン・バティスト・ペラン（1870～1942年）による実験で検証された。これによって分子の存在が証明され、原子論へとつながる研究の先がけとなった。

特殊相対性理論

特殊相対性理論とは、時間と空間の性質を明らかにする革新的な理論である。この理論では、時間の遅れ（観測者によって時間の進み方が異なること）や速度の増加に伴う質量の増加など、ありとあらゆる奇妙な現象が主張された。

質量とエネルギーの等価性

$E=mc^2$ は物理学全体のなかでも最も有名な式だろう。だが、これはアインシュタインが最初に使った表式ではない。1905年の論文では、$m=L/c^2$ というように m に対する表式だった（L は E の代わり）。論文「Ist die Trägheit eines Körpers von seinem Energieinhalt abhängig?（物体の慣性は、その物体に含まれるエネルギーに依存するか）」では、物体の慣性（質量）に主眼が置かれていたためだ。

この論文で、アインシュタインは式を使って、エネルギーが系の質量に及ぼす影響を説明している。ここで示された内容は、本質的には、まったく同じ2つの振り子があったとして、片方だけを動かした場合、動いている振り子のほうが静止した振り子よりも質量が大きくなるということだ。しかし、c^2 は非常に大きい数（$9 \times 10^{16}\mathrm{m}^2/\mathrm{s}^2$）であるため、質量の変化は非常に小さく、日常生活では気づかれることはない（＊訳注：静止質量を m とすると速さ v の物体の質量は $m/\sqrt{1-v^2/c^2}$ であるが、通常 v^2 に比べて c^2 が非常に大きいので、静止質量とほぼ一致するということ。光速に近づけば質量ははっきりと大きくなる）。

1932年に中性子の質量が初めて測定されると、アインシュタインの質量とエネルギーの等価性が原子以下のレベルでは非常に重要であることがすぐに明らかとなった。1個の重水素の原子核は1つの陽子と1つの中性子でできているが、原子核の質量を測定すると、自由な状態の陽子と中性子の質量を足した値よりも軽いのだ。失われた質量（質量欠損）は、原子核を保つための「結合エネルギー」となる。この結合エネルギーが、核融合や核分裂で生じるエネルギーとなる。

史上最高の物理学者

アルベルト・アインシュタインは、生涯で300を超える科学論文を発表している。宇宙に対する私たちの理解をほぼすべての面において覆し、原子物理学やその先の物理学に対して非常に大きく貢献したのだ。アインシュタインが史上最高の物理学者だといわれるのは、このためだ。

ガイガー = マースデンの実験、原子の構造を明らかにする

原子とは、宇宙のあらゆるものの基本である微小な単位であり、古代ギリシャ時代からずっと物理学にある考え方だ。しかし、その歴史の長さにもかかわらず、原子について実際に分かっていることはほとんどなかった。だが、1911年に記念碑的な論文「物質によるアルファ粒子とベータ粒子の散乱と原子の構造」が発表されたことで、状況は大きく動いた。

「ガイガー = マースデンの実験」とはいわれるものの、この実験に関わったのは、ハンス・ガイガー(1882 ～ 1945 年)とアーネスト・マースデン（1889 ～ 1970 年)、そしてアーネスト・ラザフォード（1871 ～ 1937 年）の 3 人だ。実験が行われたとき、アーネスト・ラザフォードは放射線に関する多くの研究を成し遂げており、すでに名声を確立していた。アルファ線とベータ線を発見しており、ガンマ線を命名したのも彼である。そして、それらの放射線が本質的に原子と関係しており、特に原子が崩壊する過程と関わっていると主張していた。ガイガーは、ドイツのエアランゲン大学で数学と物理学を学んで博士号を取得し、翌年の 1907 年からマンチェスター大学でラザフォードのもとで働くようになった人物だ。マースデンはマンチェスター大学の学部生であり、1909 年にラザフォードとガイガーの研究チームに加わっている。

このチームは、ラザフォードが発見したアルファ粒子の実験を行っていた。アルファ粒子については、ラジウムやウランなど特定の元素から放出され、正に帯電していることくらいしか分かっていな

↓**ガイガーカウンター**：初期のガイガー管の模式図。アルファ粒子を検出する装置であり、アルファ粒子がぶつかると、スクリーン（Z）が光った。

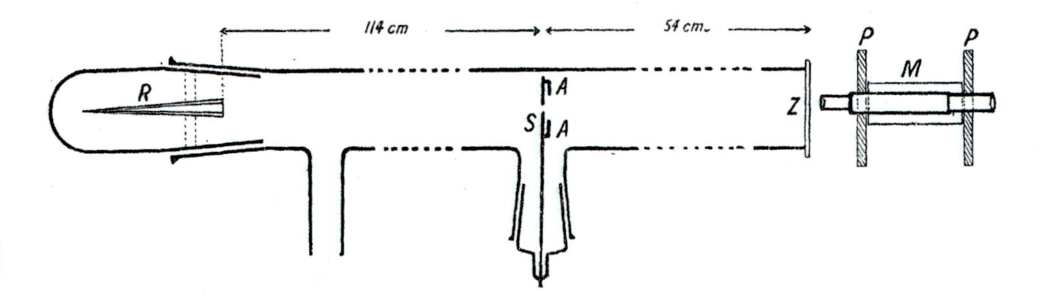

↑**ラザフォードの指示のもとで**：ハンス・ガイガー（左）とアーネスト・マースデン（右）。チームを発見の旅へと導いたアーネスト・ラザフォードのもとで、ともに研鑽を積んだ。

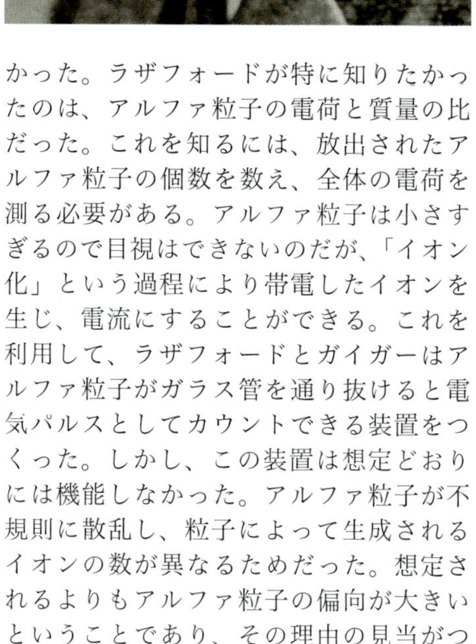

かった。ラザフォードが特に知りたかったのは、アルファ粒子の電荷と質量の比だった。これを知るには、放出されたアルファ粒子の個数を数え、全体の電荷を測る必要がある。アルファ粒子は小さすぎるので目視はできないのだが、「イオン化」という過程により帯電したイオンを生じ、電流にすることができる。これを利用して、ラザフォードとガイガーはアルファ粒子がガラス管を通り抜けると電気パルスとしてカウントできる装置をつくった。しかし、この装置は想定どおりには機能しなかった。アルファ粒子が不規則に散乱し、粒子によって生成されるイオンの数が異なるためだった。想定されるよりもアルファ粒子の偏向が大きいということであり、その理由の見当がつかなかった。

ラザフォードとガイガーは、アルファ粒子が衝突したときに小さく発光する蛍光板を使うよう装置を改良した。しかし、この装置を使った実験は、暗室で何時間も顕微鏡をのぞき込んで小さな発光を数えるという単調な作業になった。ラザフォードは、とてつもない忍耐力を必要とするこの仕事をガイガーに与え、アルファ粒子の散乱の効果を探るよう指示した。

1908年と1909年の実験

1908年にガイガーは、長いガラス管の一方の端にアルファ粒子の線源（このときはアルファ粒子を多量に放出するラジウム）を置き、中央に1mm足らずの幅のスリットを配置した。アルファ粒子はガラス管を通り、スリットを通過し、管の反対側の端にある蛍光板にあたると小さな光の斑点をつくった。ガイガーは、ガラス管の空気を抜くと、蛍光板上の斑点が集中してスリットの形になり、空気を戻すと斑点が散らばることに気づいた。また、非常に薄い金箔を通すようにすると、さらに遠くまで散らばることも分かった。これは、アルファ粒子が空気によっても固体によっても散乱されることを示している。

1909 年、チームに参加したマースデンは、ガイガーとともに大きな角度での散乱を調べた（それまでの実験は小さな角度に限られていた）。金属箔によってアルファ線が反射されるかどうかを確認するため、反射しないと蛍光板に届かないよう、鉛の遮蔽板や蛍光板を配置した。その結果、90 度以上の角度で偏向された（反射された）アルファ粒子があることが分かった。また、金属箔に用いた金属の原子番号が大きいほど、例えばアルミニウム箔よりも金箔のほうが、反射されるアルファ粒子の数が多いことが分かった。1908 年の実験は「物質によるアルファ粒子の散乱について」、1909 年の実験は「アルファ粒子の拡散反射について」という論文で発表されている。ガイガーとマースデンは、実験装置を改良して精度を上げて、この効果についてさらに調べることにした。

↓**ラザフォードの実験**：ラザフォード散乱の実験のための装置の模式図。どんな角度でも検出できる仕組みを模式的に示している。初期のガイガー管からは大きく進歩した。

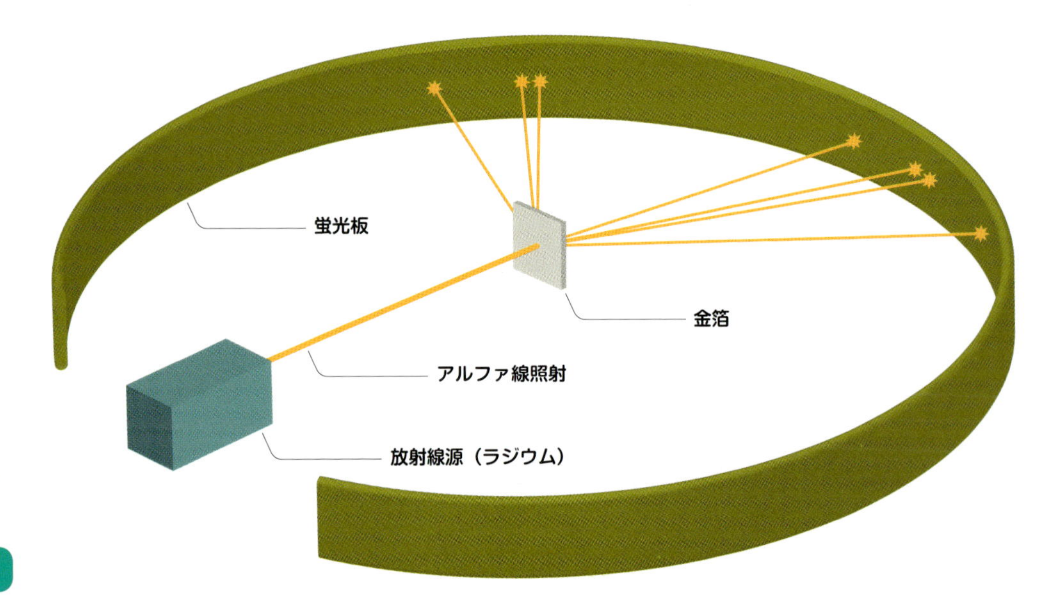

プラムプディング・モデル

ガイガー＝マースデンの実験以前には、原子構造の有力モデルは、J. J. トムソン（1856～1940年）が考案したプラムプディング・モデル（別名、ブドウパン・モデル）だった。大きな丸いプラムプディングのなかに小さなプラムがあちこちに散らばっているように、大きな正に帯電した丸い原子のなかに、電子と呼ばれる負電荷をもつ小さな粒子が埋め込まれているとするモデルだった（電子を発見したのはトムソン）。

ガイガー＝マースデンの実験

1910年にはより精密な実験が行われた。アルファ線源から照射された粒子が金箔で散乱され、それを蛍光板で検出するという仕組みは、これまでの実験と同じだ。今回の実験では蛍光板を動かせるようにして、ある範囲の角度で粒子を数えられるようになった。実験結果をもとに、ラザフォードは任意の角度においてアルファ粒子を検出する回数を示す以下の公式をつくった。

$$N(\phi) = \frac{Qntb^2}{16r^2\sin^4(\phi/2)}$$

この発見の最も驚くべき点とは、検出器を照射装置の後ろに置いたとしても、アルファ粒子が検出されるということだ！ラザフォードはこの驚きについて次のように述べている。

私の人生で起きたことのなかでも、最も信じられない出来事でした。「ティッシュペーパーに15インチ砲弾を撃ち込んだら自分に跳ね返ってきた」というのと同じくらいの驚くべき結果です。いろいろと考えましたが、この後ろへの散乱は1回の衝突で起こっているはずだと気づきました。計算してみると、原子の質量の大部分が小さな核に集中していなければ、こんな頻度では起こりえないことが分かりました。このようにして、原子には、電荷をもつ小さな質量中心があるというアイデアが生まれたのです。

この発見によって、ラザフォードはまったく新しい原子のモデルをつくり上げた。これは現在、ラザフォードの原子模型と呼ばれている。原子には中心部に集中した小さい核があり、この核がアルファ粒子と同符号の電荷をもつため、アルファ粒子は跳ね返されて完全な後方散乱を起こす場合がある。だが、原子には隙間も多いので、ほとんどのアルファ粒子は散乱されないまま通り抜ける。ただし、アルファ粒子と逆の電荷をもつ電子もところどころにあるので、アルファ粒子の偏向が生じる。ラザフォードの原子模型は、現在の原子モデルと細かい違いはあるもののほぼ同じであり、この発見により、物理学と化学の両方で、原子に関する膨大な研究へと続く道が開かれたのだ。

ボーア、線スペクトルを解き明かす

アーネスト・ラザフォードによって正しい原子模型が提示されたものの、説明すべきことがたくさん残っていた。何よりも、線スペクトルという現象があった。これは、元素や化学物質ごとに生じる不思議な光の線である。この難題を解くために必要だったのが、ニールス・ボーア（1885～1962年）という天才と、少々の量子性だった。

ニールス・ボーアはデンマークのコペンハーゲンで生まれ、ほどほどに裕福な中流家庭で育った。申し分のない子ども時代を過ごし、1903年にコペンハーゲン大学に入学して物理学科の学生となる。小さな学科で教授も1人しかいなかったが、ボーアはすぐ物理学に夢中になる。1905年に開催されたデンマーク王立科学アカデミーのコンペにボーアは挑戦した。課題は、名高いレイリー卿（1842～1919年）が1879年に提示した、振動を使って液体の表面張力を決定する理論的手法を実験で示すというものだった。父親の実験室から道具を借りて（大学には物理学科専用の実験室がなかったのだ）、ボーアは実験で示しただけでなく手法も改善し、当然ながら賞を勝ち取った。1911年に電子論をテーマに博士論文を書き、電子論では磁性を完全には説明できないことを示した。画期的な内容だったが、デンマーク語で書かれていたためだろう、ほとんど反響はなかった。

1911年にボーアはイギリスに渡り、J. J. トムソン（「プラムプディング・モデル」で有名）に会った。トムソンにはあまり気に入られなかったのだが、その後、ラザフォードの新しい原子模型の仕事に協力するよう招かれた。ラザフォードのもとで1年間働いてから、結婚のためデン

←**原子物理学者**：若かりしニールス・ボーアの写真。原子の構造を研究したことで、マンハッタン計画の主要メンバーとなった。

マークに戻る。コペンハーゲン大学の教授に任命され、熱力学を教えた。この時期に、まとめて「3部作」と呼ばれることになる有名な論文を発表している。この3部作において「ボーアの原子模型」を打ち出し、線スペクトルが生じる理由を説明したのだ。

線スペクトルとは何か

線スペクトルを表す関係式は、1885年に、水素について調べていたヨハン・バルマー（1825～1898年）によって発見された。彼は水素ガスを励起し（電気を通すと励起する）、そこから放出された光をプリズムにかけて分光したところ、いくつかの線が現れたのだ。これらの線スペクトルは常に同じ波長をもち、次の法則に従うことが分かった。

$$\lambda = \frac{1}{R_H\left(\frac{1}{2^2} - \frac{1}{n^2}\right)}$$

ここでλは波長、R_Hは水素のリュードベリ定数で、nの値は線スペクトルごとに異なる整数値をとる。彼が関係式を見つけた線スペクトルは、バルマー系列と呼ばれるようになった。線スペクトルそのものについては1802年に発見されて以来、記録がしっかりと残されており、さまざまな元素や分子に対して非常に多くの線スペクトルが見つかっていたが、科学者たちは誰も明確な説明ができていなかった。

ボーアの原子模型

ボーアの原子模型の図を見たことのある読者も多いだろう。中央の核の周りを電子が軌道を描いて回っており、小型の太陽系といった印象だ。核の周りを電子が回る原子模型は長岡半太郎（1865～1950年）が1904年に提唱していたが（核のサイズが大きい土星型）、ラザフォードが実験から核が小さい原子模型を提案した。線スペクトルが生じる理由を説明してさらに修正を加えたのがボーアである。

ボーアは、標準的なラザフォードの原子模型からスタートしたが、このモデルでは原子が存在できないことに気がついた。古典物理学によると、電子が原子核

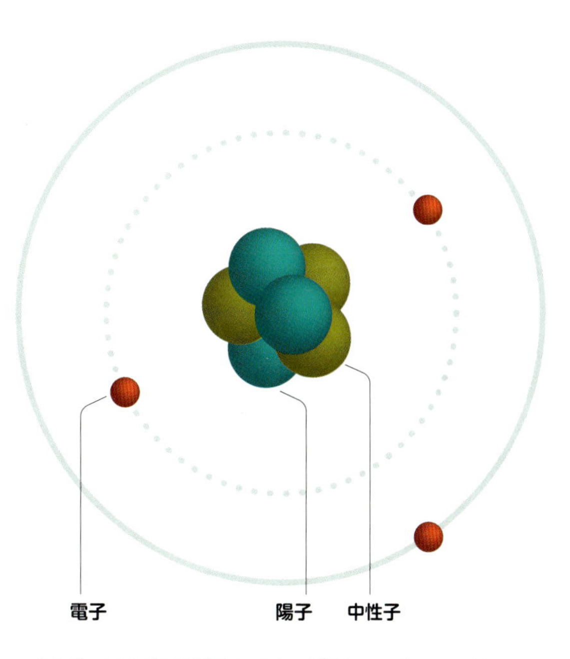

↑ボーアの原子模型のイメージ図：ラザフォードの原子模型（太陽系と似ているので「惑星モデル」とも呼ばれた）の構造を引き継いでいる。

分光学でわかること

前述したように、すべての化学物質は、それぞれが異なる波長の線スペクトルをもつ光を発する。なぜこれが重要かというと、存在するあらゆる化学物質、元素、化合物は、それぞれが固有の組み合わせの線スペクトルをもつからだ。化学物質が変われば線スペクトルも変わるので、線スペクトルは「化学的な指紋」ともいわれる。

線スペクトルによって化学物質を特定できるので、実験室や犯罪捜査などでも分光分析装置が使われることがよくある。分析装置を使うと、少ない試料からスペクトルを生成でき、どんな化学物質が含まれているかを自動的に特定してくれるのだ。

分光学のすごさは、これだけではない。化学物質の線スペクトルは普遍的であることが分かっている。手元の容器に入った化学物質の混合物であろうと、銀河のはるかかなたで起きた超新星爆発であろうと、分光学は同じように働く。つまり、星から集めた光を見れば、光を発した物質が特定できるのだ。近年、分光学は大きく進歩し、太陽系外惑星（他の恒星の周りを回る惑星）の大気を通過した光を調べれば、それらの惑星について多くのことが分かるようになった。

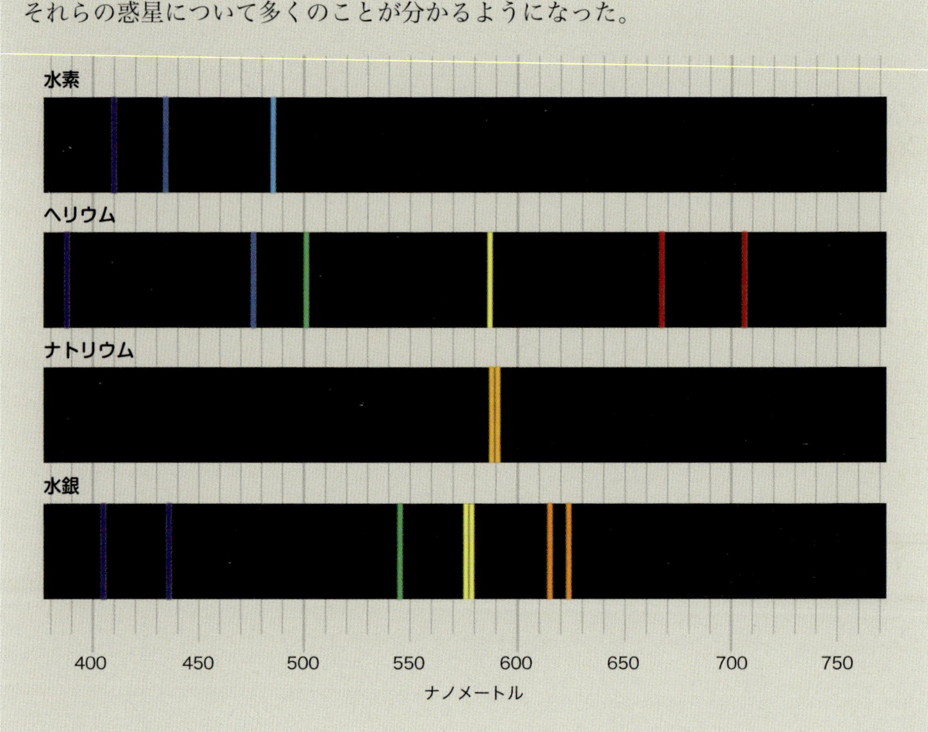

の周りを回ると電磁波を放射するはずである（限られた数の線スペクトルではなく、全波長にわたるスペクトルのようなもの）。しかし、電磁波の放射により電子はエネルギーを失って減速し、核からの静電気力で引き寄せられてらせん状に落ち込むことになる。そしてたったの10^{-12}秒足らずで原子が崩壊することになる。これではおかしいので、ボーアは原子の崩壊を防いで、なおかつ線スペクトルの放出を説明できるような、3つの条件を提示した。

- 原子内の電子は、核の周りを、軌道を描いて回る。
- 電子は特定の「定常状態」の軌道のみを回り、この軌道は核から決まった距離にある。定常状態の軌道を回っているときには、電子はエネルギーを放出しない。
- 電子がエネルギーを得たり失ったりするのは、ある定常状態から別の定常状態へと電子が移るときだけである。

このモデルでは、エネルギー準位を飛び移る際に常に同じ波長の光を放出することになるので、線スペクトルを完全に説明できた。そして、ボーアの計算は観測値と一致していた。定常状態の軌道というこのアイデアは、その性質上、まぎれもなく量子的であった。定常状態にある電子は決まった飛び飛びの値しか許されず、放出されるエネルギーは必ずプランク定数hの倍数になったのだから。

ボーアの原子模型は成功したが、まだ完璧ではなかった。1つの電子を記述しただけなので、方程式で実際に説明できたのは、水素やヘリウムイオンのような単純な原子にとどまった。また、電子は2次元の平面上で動くと仮定されたが、それも正しくない。さらに、線スペクトルには、ボーアの原子模型では説明できない問題が2つあった。線スペクトルごとに輝度が異なるという問題と、十分に精度の高い機器を使うことで発見されたのだが原子を磁場中におくと1本であったスペクトル線が複数のスペクトル線に分裂するという問題（ゼーマン効果）である。ボーアの原子模型は、量子論的な原子を世界に紹介したという点でよいスタートを切ったが、すべてを解明できたわけではなかった。

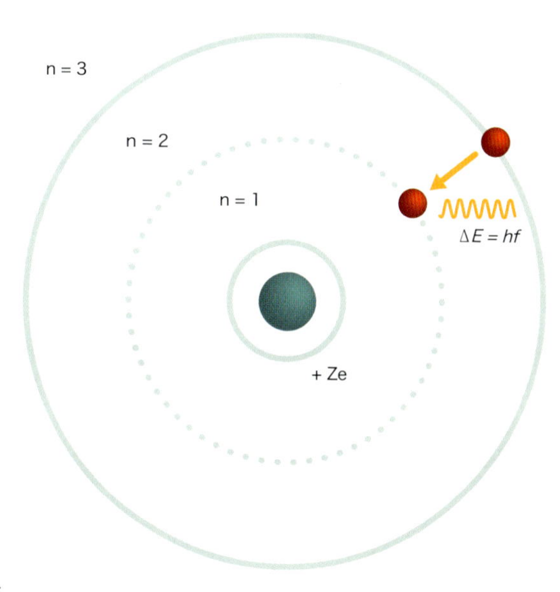

↑**エネルギーと遷移**：ボーアの原子模型において、エネルギー準位と、光を放出して準位間を遷移する様子を表した模式図。

ハイゼンベルク、不確定性原理を発表

物理学について新しいことを学ぶよりもさらに重要なのは、知識の限界を知ることだろう。つまり、絶対に知りえないことについて発見することだ。ヴェルナー・ハイゼンベルク（1901～1976年）の名を冠した不確定性原理は、さらにその先をいく。知りえないことが何かを示し、それをもとにして予測を立てるのだから。

あらゆることに原因と結果があることは、誰でも知っている。ビリヤードの球をコーナーに向けて完璧に突けば、球はまっすぐ進んで穴に落ちる。完全に同じショットを100万回繰り返せば、毎回まったく同じことが起きて、球は必ず穴に落ちる。理論的には、どんなショットについても同じことがいえる。すべての変数を与えれば、コンピュータは、球を突いたときにどの球がどう動くかを正確に計算できる。ならば、全宇宙についても同じことがいえるのではないだろうか。確かに、宇宙はビリヤード台よりずっと大きい。およそ4×10^{79}個もの原子があるし、4つの基本的な力である電磁気力と重力、強い核力、弱い核力が働いている。しかし、もし十分な大きさのコンピュータがあれば、あらゆることを計算できるはずだ（少なくとも理論上は可能という話。現在の最高のコンピュータを地球サイズに拡張したものを使っても、原子がつまった部屋を計算するだけで宇宙の寿命の何倍もの時間がかかるので、現実的な話ではない）。地球の誕生、恐竜、アメリカの建国、そして今あなたがこの本を読んでいることすら計算できてしまう！　これはある意味怖い考え方で、面倒な疑問がたくさんわいてくるのだが、そんな心配は哲学者に任せておこう。物理学者としては、その辺の問題はあまり考えないことにする。

さて、量子の世界ではこの考え方があてはまらない。量子力学の重要なポイントは、何が起ころうとしているかが絶対に分からないということだ。確率をもとにした予測はできるが、絶対に確実だとは決していえない。先ほどのビリヤードを例にすると、あるショットで球を穴に落とす可能性が90%という計算はできるかもしれない。正確にそのショットを100万回繰り返すと、原子の一つひとつに至るまでまったく同じであったとすれば、90万回は穴に落ちるが10万回は外れる。このことから、人生は方程式によって決まっているのではなく、自分には自由意志がありそうだと安心するかもしれない。しかし、なぜ、どうやってそうなるのかを理解するのは難しいだろう。

→ **核物理学者**：ヴェルナー・ハイゼンベルク、研究室での写真。核物理学や量子物理学の広い範囲にわたって重要な影響を与えた。

不確定性とは何か

1本の紐の長さを知りたいとする。定規で測ると135mmだった。しかし、それが厳密にその紐の長さなのかというと、おそらく違う。紐の端が135mmの目盛りにぴったり合うことはまずないので、長さを切り上げるか切り捨てるかしたはずだ。科学論文では、135 ± 0.5mmと書くことで、四捨五入して実際に測定できる最も近い値で表現したことと、誤差がΔL=0.5mmであることを伝える。さて、もっと精密なレーザー測定装置を使うと、134,948,573nmという結果が得られた。しかし、これすら正確ではない。切り上げるか切り捨てられており、測定値は134,948,573 ± 0.5nmで誤差がΔL=0.5nmとなる。そろそろ不確定性とは何かが分かったことだろう。では、どこまで細かく測ることができるのだろう。

不確定性原理

ハイゼンベルクは不確定性原理を次のように表現した。

$$\Delta x \Delta p \geq \frac{h}{4\pi}$$

この方程式が意味するのは、粒子の位置の不確かさに粒子の運動量の不確かさを掛け合わせた値が、h（プランク定数）を4 πで割った値より常に大きいということだ（この方程式の右辺は $\hbar/2$ と表されることもある。$\hbar$ は$h/2\pi$に等しい）。$h/4\pi$ の値は非常に小さいので（5.27 × 10^{-35}Js）、この方程式で表現されているものの影響を日常生活で見ることはまずない。だが、素粒子のレベルでは非常に重要になる。ビリヤードの球を電子のサイズまで小さくして箱の中で動き回る状態にすると、その正確な速度や位置が分からなくなるということだ。もし正確に分かったなら、それは$\Delta\chi$かΔpが0になるということであり、上の式が成り立たなくなる。また、電子の位置を測定する場合、正確に測ろうとすればするほど（つまり$\Delta\chi$を小さくしようとすればするほど）、運動量の測定は不正確になるということだ（$\Delta\chi$との積が$h/4\pi$以上となるよう、Δpが大きくならなければならないため）。

こうした基本的な数学は、理解はできてもとっぴな思いつきのようにしか聞こえないかもしれない。では、現実世界で

エネルギーと時間の不確定性

物理学の不確定性原理は1つだけではない。エネルギーと時間の間にも不確定性関係があり、次の形で表される。

$$\Delta E \Delta t \geq \frac{h}{4\pi}$$

これは、変数が変わっただけで、ハイゼンベルクの原理とまったく同じ形だ。しかし、この方程式の驚くべき点は、何もないところから粒子が生まれることが可能になることだ！ $E=mc^2$ （p115参照）によると、非常に短い時間であれば、粒子が突然現れることが可能となる。このような粒子は「仮想粒子」と呼ばれる。

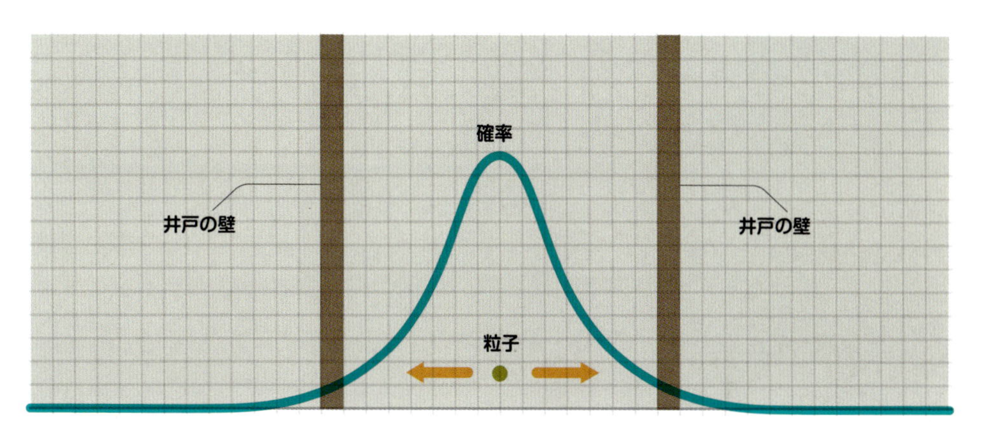

確認できる影響はあったのだろうか。実は、影響の1つはその約20年前から研究されていた。アルファ崩壊である。陽子と中性子2つずつからなるアルファ粒子が重い原子（ウランなど）の原子核から自然に離れる現象だ。現象としての記録は多いが、そのプロセスはほとんど分かっていなかった。これは量子トンネルというプロセスにより生じるのだが、不確定性原理によって説明できる。壁の間を行き来するボールを考えてみよう（上図）。量子力学を使うと、「確率曲線」を描くことができるが（上図の青い線）、この曲線の横軸はボールがある可能性のある位置を示し、縦軸は実際にボールがその位置にあるのを見る頻度を示している（注意：不確定性原理があるので、正確にどこにあるかを計算することはできない）。ある位置で曲線が高くなっているほど、そこにボールがあると観測される可能性が高いということだ。曲線を見ると、電子が壁の外に出る小さな可能性があることが分かる。古典物理学では、壁がある場合には絶対に出られないのだが、量子力学では外に出る可能性があり、それが確率として表されるのだ。

↑**確率分布**：このグラフは井戸に閉じこめられた粒子の確率分布を表している。

アルファ崩壊の問題に戻ると、これこそが現象の説明になっているのが分かるだろう。つまり、アルファ粒子は核の内部にあり、核はアルファ粒子を上の図のような「エネルギーの井戸」に閉じこめている。だがアルファ粒子が核の外側に存在する確率はゼロではない。そして確率に応じて自然にその状態になり、アルファ粒子が核の外に放出されるのだ。

ハイゼンベルクの不確定性原理は、量子物理学が実際に先に進むために必要な数学的基礎となった。また、量子効果によって起こりうるいくつかの現象を、より深く理解するための助けにもなった。不確定性原理の発見により「量子力学を創始」したとして、ハイゼンベルクは1932年にノーベル物理学賞を受賞した。

ゲーデル、不完全性定理を発表する

ハイゼンベルクの不確定性原理で見たように、私たちが知りえないということが、物理的にはより興味深い場合がある。そして、クルト・ゲーデル（1906～1978 年）は、数学の限界を示して、科学界を揺るがした。

クルト・ゲーデルは、当時オーストリア＝ハンガリー帝国のブルノで生まれた。非常に優秀な生徒で、ウィーン大学に入学した。理論物理学を学んだが、すぐに数学や哲学に興味をもつようになり、最終的には、「あらゆる科学の根底にある概念と原理を含む、他のすべてに先立つ科学」である数学論理を専門とした。ダフィット・ヒルベルト（1862～1943 年）らの著作『記号論理学の基礎』に出会い、そこで提示されたある問題に興味をそそられる。

その問題とは、ある形式体系の公理は、その系のあらゆるモデルにおいて真であるすべての言明を導くのに十分であるか、というものだ。いい換えると、すべてを証明できるのか、ということだ。

博士号を取得したゲーデルはウィーンにとどまり、1931 年に自身の定理を論文「プリンキピア・マテマティカおよび関連した体系の形式的に決定不能な命題について I」で発表した。それは次の 2 つの定理からなる。

第一不完全性定理：*その体系においてある程度の自然数論を実行できるような無矛盾な形式体系 F は、不完全である。すなわち、体系 F のなかで真偽の証明ができないような、F の言語で表された言明が存在する。*

説明：*もし理論体系に矛盾がないのであれば、その系は完全ではありえない（証明できない命題が必ず存在する）。*

第二不完全性定理：*F が自然数論を含む矛盾のない形式体系だとすると、F は自身の無矛盾性を証明できない。*

説明：*公理系の無矛盾性は、その体系のなかでは証明できない。*

不完全性定理の意味するところ

ゲーデルの定理は読むのも理解するのも難しく、その形式的な証明は正直気が遠くなりそうなものだが、その意味するところはかなりはっきりしている。私たちは何かを証明しようとすれば、必ず何らかの体系を使わなくてはならない。物理で使う体系は数学と論理である。どの体系も根底にあるのは公理の集合だ。公理とは、私たちが正しいと仮定する言明であり、体系の公理以外の部分はこの公理の集合に基づいている。例えば代数にはたくさんの公理がある。以下に例を挙げよう。

反射律：a＝a
対称律：もしa＝bならば、b＝a
和の公理：もしa＝bならば、a＋c＝b＋c

これらの公理をあたり前だと思うかもしれないが、いずれも仮定にすぎない。a＝aが正しい必要性は実際にはなく、私たちがそう決めただけなのだ。ゲーデルが第２定理で示したのは、自分の体系内の公理やそこから導かれる命題の間に矛盾がないことを証明しきれないということだ。

第１定理を見ると、さらに落ち着かない気分になる。私たちが構築する系のルール（公理）に矛盾がない場合、絶対に答えられない質問が必ずあるというのだ。

物理学は数学をツールとし、数学に多くを依存している。自然現象という謎に挑戦するための道具が、不完全であり、答えのない問いをはらんだものであるというのも面白いことではないか。

ゲーデルの不完全性定理から何がいえるのだろう。どんなに頑張っても、宇宙を調べる方法は不完全であり、今後も不完全な結果しか得られず、答えのない問題が残るということかもしれない。だがこれだけは確かだ。物理学者は、自分が確実に扱える範囲の数学を武器に、挑戦し続けるだろう。

↑**既成概念にとらわれない思考**：クルト・ゲーデル、プリンストン高等研究所での撮影。哲学や物理学への興味によって、柔軟な視点が育まれた。

ツヴィッキー、ダークマターの存在を指摘

ますます高性能な望遠鏡や装置が開発されて、天文学者たちは宇宙のあらゆる神秘を解き明かすかに思われた。しかし、フリッツ・ツヴィッキー（1898～1974年）が銀河団の質量を計算したところ、それが思いもよらず大きく、そのほとんどが何に由来する質量なのか分からなかった。

フリッツ・ツヴィッキーは、父親がノルウェー大使として駐在していたブルガリアのヴァルナで生まれた。6歳のとき、ツヴィッキーはスイスに住む祖父母のもとに送られる。そこで教育を受け、やがてチューリッヒ工科大学で数学と物理学を学ぶようになる。27歳のときカリフォルニア工科大学で研究職につき、超新星を主な研究テーマとした（恒星の爆発を「超新星」と命名したのはツヴィッキーである）。

1933年に、ツヴィッキーは銀河団に対してビリアル定理（多数の粒子からなる安定した系のエネルギーに関する定理）を適用して、さまざまな計算を行った。特に注目した「かみのけ座銀河団」は、地球から3億2100万光年離れた1000個以上の銀河を含む大きな銀河団だ。標準的な手法に従って、各銀河の質量を明るさから計算した。しかし、ツヴィッキーは、銀河の速度があまりに速すぎることに気づいた。速度から逆算すると、かみのけ座銀河団の質量は、光度をもとにした計算で得られた質量の約400倍は必要になる。そこで彼は、この目に見えない質量のもとになっている物質を「dunkle materie」、つまり「ダークマター（暗黒物質）」と呼んだのだ。ツヴィッキーの理論が広く受け入れられるようになったのは、ヴェラ・ルービン（1928～2016年）が、さまざまな光度と大きさの渦巻銀河の回転速度についての論文を発表してからのことだった。この論文は、天文学の多くの問題（主に銀河やそれ以上の規模の天体に関する問題）を解決するためには、ダークマターの導入が必要であることを示していた。

銀河の回転曲線

私たちは観測によって銀河の質量の分布を知ることができる。銀河の中心には恒星やブラックホールが非常に密集しており、外側に向けてその量は徐々に減っている。この質量分布から、銀河の運動やどのように回転するかを予測することが可能となる。また、パラボラアンテナで電波を観測して銀河の実際の回転速度を測定することもできるのだが、これらの結果が大きく違っていることが分かっ

→ **星を見つめる者**：フリッツ・ツヴィッキー、カリフォルニアのパロマー天文台にて、1937年に撮影。彼の提案したダークマターにより、私たちの理解に欠けていた多くの部分が埋められた。

シュレーディンガー、猫と箱とを考える

シュレーディンガーの猫の話はもうすでにおなじみかもしれない。とても難解な量子力学を単純化する方法としてエルヴィン・シュレーディンガー（1887 ～ 1961 年）がつくった思考実験である。

エルヴィン・シュレーディンガーは、オーストリアで信仰心の篤い富裕層の家庭に生まれた。一般的な教育を受け、ウィーン大学で物理学を学ぶ。おそらくは育った環境のためか、特に興味をもったのが物理学の哲学的側面であり、より抽象的で理論的なアプローチで研究を行うようになった。1910 年に博士号を取得し、大学に残り助手として働いていたが、第一次世界大戦の期間は砲兵隊の将校となっていた。戦争が終わると、ドイツのイエナ大学で働くようになり、1921 年からチューリッヒ大学で教授を務めた。チューリッヒ大学で勤めていたこの時期にシュレーディンガーが発表したのが、次の有名な方程式だ。

$$i\hbar \frac{\partial}{\partial t} \psi(\boldsymbol{r},t) = \hat{H}\psi(\boldsymbol{r},t)$$

時間に従う量子系の変化を予測する複雑な式である。この方程式で最も重要なのが関数 $\psi(\boldsymbol{r},t)$ であり、波動関数として知られる。この関数が系（独立した系であれば、エンジンでも人間でも封をされた箱でもよい）の量子状態のすべてを表し、これを解くことで系のどんな性質も知ることができる。方程式は非常に複雑なので、ここで具体的に確認することはしないが、驚くような結果が得られる場合があることは知っておいてほしい。

量子化：シュレーディンガー方程式によって、プランクの量子仮説の厳密な数学的基礎づけがなされた。ボーアの原子模型に代わる説明となり、さまざまな問題を解決できるようになった。

粒子と波動の二重性：シュレーディンガー方程式を用いると、粒子を波として扱うことができる。つまり、一定の条件に置かれると、粒子は波のような性質を示す。このことから、あらゆる物は波であり、粒子のような性質は見せかけだけだと主張する人もいる。

不確定性：シュレーディンガー方程式では、波動関数のなかに、すべてを確定させることはできないというハイゼンベルクの不確定性原理の基礎が含まれている。

量子トンネル効果：ハイゼンベルクは量

→ **数学的基盤**：エルヴィン・シュレーディンガー、1933 年の写真。彼の式はほぼ完全に高度な数学に則って展開されているので、その意味を理解するのは非常に難しい。

子トンネルの仕組みを説明したが、シュレーディンガー方程式によって、量子トンネルの確率を数学的に計算することができる。

波動関数の収縮：シュレーディンガー方程式を解くことで波動関数Ψが得られるが､系を1回観測することでΨは｢収縮｣し、別の関数に変化する。

「猫は生きていて死んでいる」

量子物理学は分かりづらくかなり奇妙なものであり、しかも数学に踏み込む前からこの調子である。状態の重ね合わせ、波動関数の収縮、粒子と波動の二重性など、どれも理屈に合っているとは思えない。シュレーディンガーは1935年に論文「Die Gengenwärtige Situation in der Quantenmechanik（量子力学の現状）」を発表し、今や有名になった思考実験「シュレーディンガーの猫」によって、自らの式が生み出した、系の奇妙な性質を提示してみせた。

猫を箱のなかに入れると想像してみよう。箱は完全に封がされるので、開けない限り、なかで何が起きているかは分からない。この箱には凝った仕掛けがある。シュレーディンガーの記述によると、小さな放射線源の隣にガイガーカウンターが設置してある。1時間のうちに放射性物質のなかのどれかの原子が崩壊する確率は50%、どの原子も崩壊しない確率は50%だとする。崩壊すると、放射線が放出されてガイガーカウンターが反応し、ハンマーの固定が外れて、毒薬のびんを壊してしまう。そうすると箱に毒が充満し、猫は死ぬことになる。

重要な点は、箱のなかの猫が生きているか死んでいるかについてランダムに決まる（私たちには予測しようがない）ということだ。では、どちらなのだろう。古典物理学では答えはとても単純だ。どちらか一方の状態になっているが、箱を開くまでは分からない、となる。だが量子物理学では、猫は量子重ね合わせの状態にあり、箱を開けるまでは、生きていて、なおかつ死んでもいるのだ。

↓**生きているか死んでいるか**：量子物理学によると、シュレーディンガーの猫は、箱が開かれるまで、死んだ状態と生きている状態の量子的な重ね合わせの状態にある。

というわけで、猫は生きていて死んでいる。これは、複数の結果をもつあらゆる量子力学系で置き換えられる。数学でいえば、問題を解決するまで答えは決まらず、いつも同じ答えが得られるわけではないということだ。納得できる部分もあるかもしれないが、導き出される結論は非常に観念的で現実感がない。箱を開けた瞬間の猫の状態が、死んでからある程度時間が経った姿だったとしても、それは開けた瞬間に起きたことなのだ。理解できないように感じるのは、残念ながら、私たちの人間としての感覚が邪魔するせいだ。数学そのものは完全に正しいのだから。なぜこのようなことになるのか、もう少し分かりやすくするために、可能性のある解釈をいくつか確認してみよう。

多世界解釈：ヒュー・エヴェレット3世（1930～1982年）は、量子力学とは、出来事がいかにして起きるかを示すものではなく、私たちがどちらの経路を取るかということについての情報を与えるものだと提唱した。あらゆる出来事とその結果は別の世界で起きているのだと仮定されている。観測することで波動関数を収縮させた場合、単に私たちは異なる現実へと移行するのだ。シュレーディンガーの猫の例では、箱を開けたときに初めて、私たちにとってどちらの過去が起きていたかが決まる。波形は収縮したばかりなのに、猫は死んでから時間が経った状態であることの説明がつくだろう。

客観的収縮という解釈：猫（あるいは他のどの系も）が、どうにかして、系それ自身または「宇宙」によって観測されるという考え方だ。これは、波動関数が形成されるやいなや収縮して、波が点となり、数学的に扱いやすい形となる。

コペンハーゲン解釈：最も広く受け入れられている解釈である。箱が開かれた瞬間に波が収縮し、猫は生きているか死んでいるかのどちらかになる。つまり、箱を開けて猫が死んでいるのが分かったとしても、そして死んでから30分以上経っている状態に見えたとしても、箱を開けるその瞬間までは実際に死んではいなかったということだ。何の補足説明もなしに数学に完全に従った解釈なのだが、最も理解しづらいものでもある。

量子的な頭痛

どうも納得できないと思ったとしても、心配は無用だ。トップレベルの量子物理学者でさえ、現実的に何が起こっているかを理解しようとするよりも、数学に集中することを選ぶ。発見されて以来、量子力学は最高の科学者たちを戸惑わせてきたし、今でもそれは変わらない。リチャード・ファインマンは次のようにいった。「誰も量子力学を理解していないといっても問題ないだろう」「量子論を理解したと主張する人は、嘘つきか頭がおかしいかのどちらかだからね」。

2つの原子爆弾が日本に落とされる

第二次世界大戦はこれまでのどの戦争とも違っていた。それはテクノロジーの戦いであり、戦場と同程度に研究所や大学で行われた戦いだった。通信技術、暗号解読、ロケット開発など、すべてが戦争に利用された。だが、ほぼ間違いなく、最も大きな衝撃を与えたのは原子爆弾だった。

1945年8月6日、原爆が広島に投下された。その3日後、2つ目の原爆が長崎に落とされた。悪名高いマンハッタン計画のおよそ6年にわたる取り組みがある種の頂点に達した瞬間だった。マンハッタン計画とは、アメリカに拠点を置く科学者グループによる最初の核爆弾の開発計画であり、ドイツで同様に進んでいたウラン計画に対抗するものだった。

マンハッタン計画を主導したのはロバート・オッペンハイマー（1904～1967年）である。彼の指揮下の科学者たちは、原爆をつくるまでに数多くの問題を解決する必要があった。最適な素材を開発し、最善の設計方法を計算し、計画どおりに確実に爆発するようにしなければならない。マンハッタン計画が実際に進み始めたのは、真珠湾攻撃によりアメリカが戦争に参入してからだった。計画に関わる人員の数は膨れ上がり、熱力学、電磁気学、固体物理学な

←**解き放たれた死**：1945年8月9日に長崎に投下された原爆によって生じた、キノコ雲の写真。

どのさまざまな分野の一流科学者たちが、アメリカ、カナダ、イギリスから集められた。

最初の核実験は「トリニティ」という暗号名だった。1945年7月16日、アメリカのニューメキシコ州ソコロから約60km離れた人気(ひとけ)のない場所で、約20キロトンのTNT火薬と同規模の爆発が起きた。結果は大成功で、連合国軍による日本軍への攻撃において決定的な役割を果たすことが期待された。そして、広島と長崎に原爆が落とされた。暗号名はそれぞれ「リトルボーイ」と「ファットマン」。2発の原爆は核の壊滅的な力を見せつけ、一般市民の死傷者数は何十万人にものぼった。長崎への原爆投下のわずか6日後に日本は降伏し、第二次世界大戦は終わった。

核爆弾の仕組み

厳密な仕組みは核爆弾の種類によって異なるのだが、いずれも核分裂か核融合の過程が使われる。ここでは、核分裂について説明しよう。核分裂とは、不安定な重い原子核がより軽い原子核へと分裂することだ。分裂の際に、大量のエネルギーと、ここが重要なのだが、いくつかの高いエネルギーをもつ中性子を放出する。この中性子が他の重い原子核と衝突すると、その原子核は核分裂を起こして、エネルギーと中性子を再び放出する。この連鎖反応によって比較的少量の物質から急激に大量のエネルギーが生じ、とてつもない大爆発となるのだ。その威力はTNT火薬の何百万倍にもなる。今ある核爆弾には、日本に投下された原爆の数千倍もの破壊力をもつものもある。

原爆がもたらしたもの

原爆の投下は、戦争の概念そのものを覆した。1945年以降も核兵器はつくられ、誰もが知るように世界が滅びる可能性もあった。国際政治の本質は完全に変わり、その後の冷戦は全世界に大きな影響を及ぼした。アルベルト・アインシュタインの方程式$E=mc^2$は核兵器開発に不可欠なものだったが、彼は原爆についてこのように語っている。「私は人生で大きな間違いをひとつ犯した。ルーズベルト大統領に原子爆弾をつくることを勧める手紙に署名したことだ」

しかし、原子の研究の成果は破壊だけではない。核分裂と核融合の知見は、今後数十年にわたる電力供給のために必要である。不安はあるものの、私たちはまだ、その可能性に気づき始めたばかりなのだ。

バーディーンとブラッテン、トランジスタを開発

私たちはトランジスタの時代に生きている。トランジスタは、オンとオフ、つまり「1」と「0」のいずれかの状態をとる小さなスイッチとして使うことができる。私たちは毎日、トランジスタが詰め込まれたモノと向き合っている。世界に革命を起こした発明という点では、トランジスタは最高レベルかもしれない。登場して約70年程度のトランジスタによって、私たちのすべての行動は変わってしまったのだから。

第二次世界大戦によって、コンピュータ技術の急成長が起きた。当初のコンピュータには、三極真空管という、電気信号を増幅させる機能をもつ大きなガラス製の真空管が使われていた。電圧をかけてスイッチとして使うこともでき、オン・オフを切り替えて1や0を表すことができる。三極真空管は大きく、扱いづらく、壊れやすいものだったが、暗号解読や無線通信で役立ったので、多くの研究が行われていた。

大戦が終わると、ベル研究所のウィリアム・ショックレー（1910～1989年）は半導体を使って三極真空管を小型化する研究を始めた。ジョン・バーディーン（1908～1991年）やウォルター・ブラッテン（1902～1987年）と共同研究を始めたのはこの頃だ。彼らは、半導体内の電子の移動（後述）を使って、物理的なつまみのない「スイッチ」をつくろうとしていた。だが研究を始めたものの、大した結果は出なかった。彼らがつくった初期のトランジスタは信頼性が非常に低いもので、あるときは意図した通りに動いたと思ったら、次はうまく動かなかったりした。とにかく不安定で、さまざまな方法が用いられたのだが、ほとんど機能しなかった。

しかし、1947年12月に、突破口が見つかった。プラスチック製の楔（くさび）に2枚の金箔を取りつけ、それぞれに導線をつないだものに、ベースの導線を通して電圧をかけると、エミッタからの信号が増幅され、コレクタから出力されることが分かったのだ（p148の図を参照）。

トランジスタの仕組み

この最初につくられたトランジスタは、1951年に発表された、はるかに効率的なバイポーラ・トランジスタにとって代わられた。両方とも同じ原理で機能するが、バイポーラ・トランジスタのほうが説明は少し簡単だ。

半導体素子で使われる半導体にはN型

→コンピュータのパイオニアたち：バーディーン、ショックレー、ブラッテン（左から順に）。トランジスタ開発の少し後、研究室にて。

ファインマン、歴史的な名講義を行う

ある物理学の講師が教室で私たちにこう話した。「今ではリチャード・ファインマンの言葉を引用しない物理学のコースはありません」。この言葉は事実である。1960 年代初めに行われたファインマンの講義は、物理学教育の金字塔となり、今日でも世界中で読まれ続けている。

リチャード・ファインマン（1918～1988 年）はニューヨーク市で生まれた。家は平均的なホワイトカラーのアメリカ家庭だった。10 歳のとき、家族はクイーンズのファー・ロッカウェイに引越しをする。高校時代のファインマンは、非常に優秀な学生であり目立つ存在だった。10 代半ばまでに、微積分や高度な代数学、解析幾何学など、数学の大部分を自分で勉強しており、大学に入る前から独自の表記法をつくるなどしていた。マサチューセッツ工科大学に入学し、学部生のうちに発表した 2 本の論文は高く評価された。1939 年に卒業し、入学試験の物理学で満点を取りプリンストン大学大学院の院生となる。複雑で難しい数学を分かりやすい形に表現し直すという、独特のスタイルをつくり始めたのは、この時期だ。量子力学における難題をテーマにした博士論文を書き、彼が開いたセミナーにはアルベルト・アインシュタインなどそうそうたる顔ぶれが出席していた。

ファインマンは 1942 年に博士号を取得したが、その少し前からアメリカの原爆プロジェクトであるマンハッタン計画に誘われて参加しており、原子爆弾のエネルギーをコンピュータで計算するなどした。プロジェクトチームのなかではかなりの若手だったが、ニールス・ボーアからはよく声をかけられて問題点を議論しあった。理由の一つは、他の科学者の多くはボーアの名声の前に萎縮して本音がいえなくなっていたのだが、ファインマンだけはボーアの考えの誤りを指摘できたからだ。

1945 年 6 月 16 日、重病だった妻が亡くなった。ファインマンは仕事に没頭しようとしたが、それが難しくなっていた。以前からコーネル大学から何度もオファーされては断っていたが、今回はそれを受け入れてニューヨークに戻った。だが、父親が 1946 年 10 月に突然亡くなると、鬱状態に陥った。その後、自分の研究にまったく集中できなくなったため、それほど重要ではないけれど解くことで満足感が得られそうな物理学の問題に目を向けた。この時期に、量子電磁力学に興味が向き始め、1947 年に開催されたシェルター・

→ **コミュニケーションの達人**：リチャード・ファインマン、1959 年の撮影。彼の講義は、物理学を教える者にとって素晴らしい手本となった。

アイランド会議にも出席している。アメリカで最も明晰な頭脳をもつ研究者が名を連ねたことで知られる会議だ。

ファインマンは自身のアイデアに磨きをかけ、独自の数学的体系を発展させる取り組みを続けた。さらに、粒子の相互作用を説明する方法としてファインマン・ダイアグラムをつくっている。これを1948年の会議で発表したが、まったく受け入れられなかった。この過激なまでに新しい手法と奇妙なダイアグラムを見て聴衆は困惑しただろうし、ポール・ディラック（1902～1984年）やニールス・ボーアを含む多くの著名な物理学者たちの反発を招いた。しかし、彼のアイデアの卓越性とシンプルさに誰も気づかなかった

ファインマン・ダイアグラム

ファインマン・ダイアグラム（下はその模式図）とは、素粒子の相互作用を表したものだ。視覚的に理解できるので、図の根拠の方程式よりも格段に分かりやすい。この功績もあって、ファインマンはノーベル賞を受賞している。

下図は、電子（e^-）と陽電子（e^+）が衝突して互いに消滅し（対消滅）、そこからガンマ線（γ）が生じる様子を表している。このガンマ線放出から、反クォーク（$\bar{q}$）とクォーク（q）のペアが生じ（対生成）、反クォークからグルーオン（g）が放出される。グラフの縦軸は空間を、横軸は時間を表している。注目すべきは、反粒子が時間を逆向きに移動していることだ。これは数学的な表現であり、実際には（おそらく）時間を逆向きに動いているわけではない。

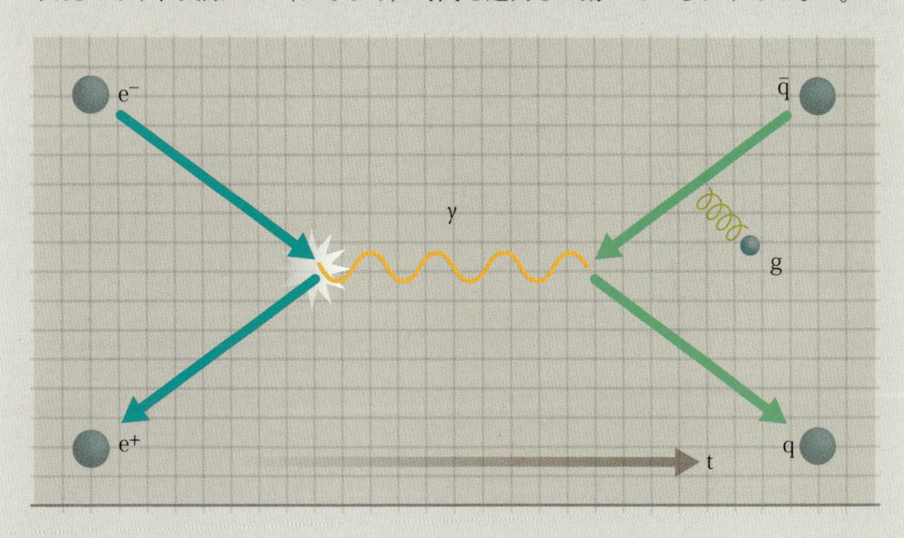

わけではない。1950 年代初めには、ファインマン・ダイアグラムは一般的に使われるツールとなっていた。ダイアグラムはコンピュータで読み取れる形式へと簡単に変換でき、計算が容易になったので、普及したものと考えられる。

ベストセラー『ファインマン物理学』

1951 年にファインマンはカリフォルニア工科大学（カルテク）に移り、そこで極低温の超流動現象や弱い核力のことを調べていたが、ファインマン・ダイアグラムに関する仕事も続けていた。また、教壇に立ち物理学を教えて、かなり人気のある講師となった。だが、複雑な物理を生き生きと教えられるコミュニケーターとなるのは、もう少し先のことだった。

後によく知られるようになったファインマンの一般的なイメージは、講義内容を手直しするように頼まれたときから形をとり始めた。手直しされた講義は、1961 年から 1963 年にかけて新しいコースとして実施された。ファインマンの講義スタイルとカリスマ性が話題を呼び、講義の多くは録音され、講義ノートに基づいて数巻の本がつくられた。それが、近年の物理学に関する本として傑作といわれる『ファインマン物理学』である。ファインマンが物理学に生命を吹き込んだためだろう、非常に広く使われるようになった。彼は物理学を中心とした人生を送り、物理学が善にも悪にも使われたのを見てきた。ファインマンの人生そのものがあまりに深く物理と結びついていたため、彼の講義は私的な旅ともいえるものだった。

『ファインマン物理学』の初版は 1964 年に出版され、全３巻からなる（＊訳注：日本語の訳書は全５巻）。第１巻は「主に力学、放射と熱」、第２巻は「主に電磁気学と物性」、第３巻は「量子力学」である。講義では、物理学の基礎が素晴らしい形で描き出された。現在の研究すべての土台となる部分が、明瞭かつ簡潔に説明されていたのだ。講義はカルテクの学部課程のコースの中核となった。当時最先端の派手で刺激的な説などについてはまったく取り上げなかったので、最初のうちは多くの学生がそれほど熱心に聴講していないように見えた。しかし、履修した学生の数は減ったものの、大学院生や教員の出席は増えていった。出席者は新しい視点に気づくことができ、ファインマンの明瞭で簡潔な説明をとても面白いと感じたのだ。

『ファインマン物理学』は出版以来、物理学分野のベストセラーであり続けている。授業で使う教科書として指定されることはまれだが、ほとんどの大学の物理コースにおける基本図書となっている。これを読んで何も得られなかったという学生を１人でも見つけるのは、まず無理だろう。方程式がたくさん含まれているし、軽い読みものとはいえないが、物理の働きについて本当に知りたいと思うのであれば、『ファインマン物理学』をぜひ手に取ってもらいたい。

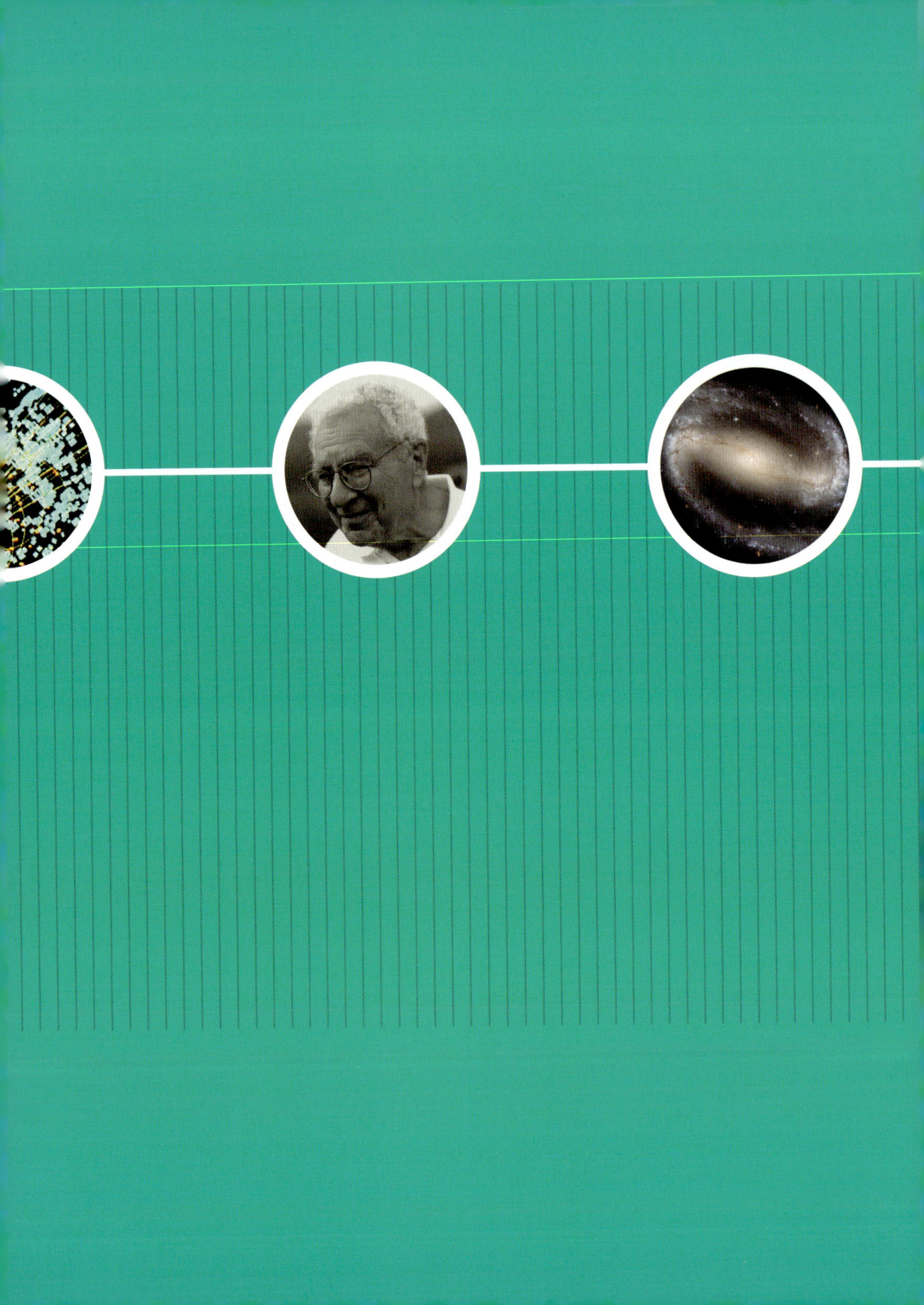

5 現代物理学

スーパーコンピュータ CDC 6600、発売される

コンピュータがもつ可能性は第二次世界大戦中にアラン・チューリング（1912〜1954年）によって初めて示され、トランジスタの発明によってその計算能力は飛躍的に向上していた。だが、CDC 6600は、まったく新しい、物理学の研究に革命を起こすコンピュータだった。スーパーコンピュータの登場だ。

平均的な家庭用コンピュータは、あまり効率的とはいえない。オペレーティングシステム（たいていはWindowsやMac OSのいずれかのバージョン）のおかげで、さまざまなプログラムが搭載され、ウイルス対策ソフトは常にあらゆるものをチェックし、ユーザーにそのつもりがなくても非常に多くのプログラムが常に走っている。つまり、ユーザーが仕事を与えても、それを全力ではしてくれないのだ。実際、プログラムの実行速度は、その性能よりもずいぶんと遅くなる。物理学のシミュレーションやテストのために高度の計算をさせる場合、コンピュータの性能を無駄にするわけにはいかない。そこで出番となるのがスーパーコンピュータだ（以降「スパコン」と記載する）。巨大で高度な計算機として働いてくれる。

スパコンの性能を表す指標の1つが、1秒あたりの浮動小数点演算命令実行回数（FLOPS）である。これは、1つの演算（例えば、3と2の足し合わせ）を1秒あたりに何回実行できるかを表している。執筆時点において、平均的なデスクトップパソコンは約7GFLOPS（7×10^9FLOPS）、世界最速のスパコンであるSunway TaihuLightは93PFLOPS（93×10^{15}FLOPS）の性能を備えている。

最初のスパコンをつくった人物は、シーモア・ロジャー・クレイ（1925〜1996年）だ。クレイは、1958年にアメリカのコントロール・データ・コーポレーション社（CDC）に入社して、新型コンピュータの開発を始めた。当時はまだ、大型コンピュータにはガラス製の三極真空管が使われていたが、クレイは徐々に使われるようになっていたトランジスタの利点に目をつけて、部品交換のない最初のコンピュータであるCDC 1604を製作した。これは、トランジスタだけでつくられて市販された最初のコンピュータだった（p146〜149参照）。売れ行きは好調で、会社はクレイに、より広い購買層向けにビジネス用のコンピュータを開発するよう命じた。しかしクレイは、世界最速コンピュータを目指して、与えられたリソースを注ぎ込んだ。目標は、CDC 1604の計算速度の50倍を出すことだった。だが、それと同時に、命じられたコンピュータの開発もやってのけた。

クレイの試みはなかなか実を結ばなかったが、その一番の理由が、手に入るト

← **最初のスパコン**：コロラド州ボルダー市のアメリカ国立大気研究センター（NCAR）に設置されたCDC 6600。1965年に撮影。

素粒子の標準模型がつくられる

標準模型には、素粒子と自然の基本的な力について今分かっているほぼすべてのことが含まれている。現在のところ、宇宙の完全な理解に向けて最も近いところにあるのが、この標準模型だ。

自然界の4つの力（電磁気力、強い核力、弱い核力、重力）を結びつけて説明する「万物の理論」は、物理学の「聖杯」といえるだろう。それに向けた試みのなかで、素粒子とその振る舞いを現在最も正確に表している理論が「標準模型」である。

この試みに向けた最初の重要なステップは、1961年にアメリカの物理学者シェルドン・リー・グラショー（1932年～）が電磁気学と弱い力を統合した電弱力の枠組を提示したことだ。1964年に、マレー・ゲルマン（1929年～）とジョージ・ツワイク（1937年～）がそれぞれ独自に、クォークのモデルを提案した。クォークとは、組み合わさることで陽子や中性子、中間子などをつくる素粒子であり、1968年に実験によって発見されている。この実験では、電子を陽子に照射して電子が散乱する様子を調べることで、陽子の内部にさらに細かい構造があることが分かった。この素粒子の研究をさらに推し進めた結果、欧州合同原子核研究機構（CERN）によって、1973年にZボソン（電弱理論で予測される素粒子）の存在を示す間接的な結果が得られた（＊訳注：1983年に実験で発見されている）。ここから、物理学者は素粒子の世界が相互に関係しているという描像に基づく研究を進めるようになった。

1974年にギリシャ人の物理学者ジョン・イリオポロス（1940年～）は標準模型の原型となる理論を展開している。そのなかで、アップクォーク、ダウンクォーク、ストレンジクォークの関係を説明し、チャームクォークの存在を予言した（チャームクォークは以前から予測されていたが、彼の予測は適切な理論に基づいていた）。

チャームクォークは同じ年の11月に実験で発見された。イリオポロスの理論には、電子、ミュー粒子、ニュートリノ（非常に質量が小さく電荷をもたない微小粒子）、各種のボソン（基本的な力に対応する素粒子）など、知られていた素粒子がすべて組み込まれていた。ボソンには、電磁気力を媒介する光子、強い核力を媒介するグルーオン、弱い核力を媒介するZボソンとWボソンがある。

注意深い読者は不思議に思ったに違いない。「基本的な4つの力のうち3つに対応するボソンしか挙げられていない。抜けているのでは？」と。その発想こそが、標準模型など、理論の根底にある力なの

⇒ **マレー・ゲルマン**：クォークという概念だけでなく、素粒子にある種の対称性があることも提唱した。

だ。モデル化によって、欠けている部分に気づいたり、その性質を予測したりできるようになるので、欠けた部分を発見できる可能性が高まる（＊訳注：標準模型は、重力以外の3つの力を説明する理論であるため、重力のボソンが抜けている）。

1975年（＊訳注：1976年など、異説もある）、マーチン・パール（1927～2014年）はタウ粒子を発見した。タウ粒子とは、重い電子といった感じの素粒子だ。標準模型によって、タウ粒子に対応するタウニュートリノが存在することと、もう1対のクォークがあることが予想された。そして、その予想どおり、レオン・レーダーマン（1922年～）が1977年にボトムクォークを発見した。対となるトップクォークが発見されたのは1995年のことだ。

現代の標準模型

今の標準模型（次ページの表を参照）には最近発見された粒子が追加されており、イリオポロスが提案したものとは異なるが、それでも似た形をしている。素粒子はいくつかのグループに分けられて、グループごとに特有の性質をもつ粒子が集められている。

フェルミ粒子：フェルミ粒子の素粒子は12個あり、いずれもスピンの値が1/2である（スピンの値は自転の強さに対応する）。このカテゴリーはさらにクォークとレプトンに分けられる。クォークは強い核力の影響を受け、複数が結合して陽子などのハドロンをつくる。レプトンの検出は難しく発見に長い時間がかかったが、その主な理由は、強い核力での相互作用がなく、質量が非常に小さく、ニュートリノは電荷をもたないといった性質にある。そのため、これまでに微小粒子を観測するために使われてきた手法では検出できなかったのだ。表で左から右にいくほど粒子の質量が増加することに注意してほしい。また、粒子は重い粒子から軽い粒子へと崩壊する。タウ粒子はミュー粒子へ、ミュー粒子は安定な電子へと崩壊する。クォークでは、トップクォークがボトムクォークに、ボトムクォークがチャームクォークにといった崩壊が見られる。ニュートリノは崩壊しないことに注意しよう（＊訳注：ニュートリノの種類が変化する、ニュートリノ振動は観測されている）。

ゲージ粒子：ゲージ粒子は、強い核力、弱い核力、電磁気力を媒介する。ある粒子から別の粒子へとゲージ粒子が移動することで力が生じるのだ。同符号で荷電した2つの粒子の間に生じる電磁気力は、一方の粒子からもう一方の粒子に光子が送られることで生じる反発力である（ビリヤードの球を打って別の球にぶつけた場合、打った側は反動を受けるし、ぶつかられた球は押されるというイメージ）。

ヒッグス粒子：ヒッグス粒子の発見は最近であり（2013年）、他の素粒子とは少々異なる立場の粒子だ。質量をもつあらゆるものと相互作用し、ゲージ粒子を含めたほぼすべての粒子に物理的な質量を与える。興味深いことに、ヒッグス粒子にも質量があるので、ヒッグス粒子自身の相互作用もある。

なぜ標準模型は整っているのか

標準模型は複雑だが、素粒子のペアや

クォーク

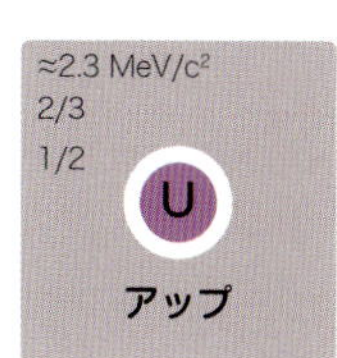

ゲージ粒子

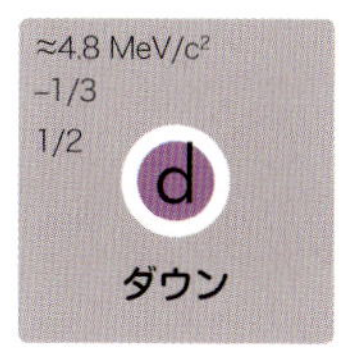

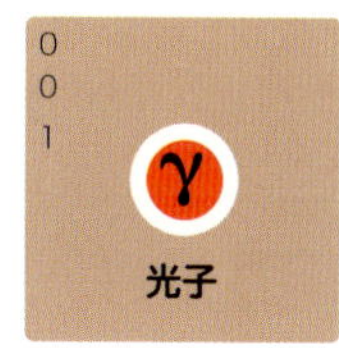

レプトン

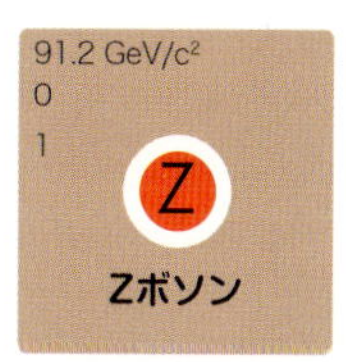

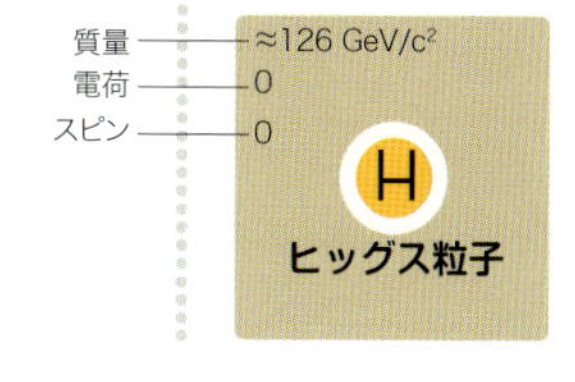

↑**標準模型**：標準模型の素粒子の一覧。同じグループでは右にいくほど質量が大きい。ヒッグス粒子は質量をもつすべての粒子と相互作用する。

その対称性など、見方によってはとても整合性がとれた理論である。

標準模型によって、私たちは新たなレベルの理解に達したといえる。なぜなら、最も基本的なものを扱う理論なのだから。私たちは宇宙を可能な限り細分化したが、そこにはやはり秩序や調和のパターンがあるようだ。なぜ標準模型は整っているのだろうか。この問いに答えるのは物理学者の仕事ではないかもしれないが、もし答えられれば、この宇宙について、その仕組みについて、さらにはその理由までもが、分かるかもしれない。

高温超伝導体、発見される

超伝導体は、電気回路をつくる方法を一変させる可能性のある素晴らしい物質だが、大きな問題が1つある。ものすごく低い温度まで冷やす必要があるのだ。だが、そんなに極端には冷やさずにすむような超伝導体が発見されて、状況は大きく前進した。

超伝導体には驚くべき特性がたくさんあるが、最も重要なのは、電気抵抗がゼロになるという性質だ。どんな物質にも多少の電気抵抗がある。電気抵抗とは、電流の担い手である電子が物質の原子と衝突して電気エネルギーの一部が熱エネルギーとして失われることで生じる。アメリカ合衆国では、発電所から家庭まで送られる全電力の約6%が失われている。つまり、大変な電力（とお金）を失っていることになる。しかも、家庭内の配線で生じるロスや使用している電気機器の効率の悪さを入れないで、この数字なのだ。

この問題の確実な解決策とは、超伝導体で電気機器の部品をつくって、年間の電気代を大幅に節約するというものだ。しかし、これには大きな問題が2つある。まず、超伝導体が非常に高価なのだ。小さなビスケットくらいの大きさの円盤が80ポンド以上もする。これだけなら、節約できるエネルギーを考えれば投資する価値はあるかもしれない。もうひとつの問題は、超伝導体には臨界温度といって、超伝導性を失う温度がある点だ。臨界温度を超えると、普通の物質と同じように電気抵抗が現れてしまう。

超伝導体が最初に発見されたのは1911年である。ヘイケ・カメルリング＝オネス（1853～1926年）によって、4K（－269°C）まで冷却された水銀の超伝導性が確認された。さらに、鉛やスズのような他の元素やさまざまな化合物に超伝導性があることも分かった。だが、13K（－260°C）以上で超伝導性を示す物質はなかった。それ以下の温度を保つには液体ヘリウムが必要なのだが、その製造も輸送も貯蔵も困難でコストがかかる。そのため、超伝導体は完全に学問的な研究対象のままだった。超伝導の性質を初めて理論的に明らかにしたのは、トランジスタの項目でも登場したバーディーンである。彼はその功績で2回目のノーベル賞を受賞した。その超伝導理論の枠組みは、素粒子の標準模型にも取り入れられている。

リニアモーターカーでも使われる発見

1986年、IBMの研究者であったヨハネス・ゲオルグ・ベドノルツ（1950年～）とカール・アレクサンダー・ミュラー（1927年～）は、セラミック化合物の研究をしていた。常温のセラミックは金属と違って伝導性が悪いため、あまり研究されていなかった。だが驚いたことに、2人は、バリウムとランタン、銅、酸素を含む化合物が35K（－238°C）で超伝導性を示すことを発見した。この温度も非常に低いのだが、他の超伝導体の臨界温度に比べればかなり高い。この発見は大きな前進であり、さらに1年後に重要な発見が続いた。

1987年に、モー＝クェン・ウー（1949年～）とチュー・チン＝ウー（1941年～）は、イットリウムとバリウムと銅と酸素を含む化合物の臨界温度が90K（－183°C）であることを発見した。この発見の重要性は、この超伝導体ならば液体窒素での冷却が可能という点にある。液体窒素の温度は77K（－196°C）以下であり、窒素は地球の大気中に豊富に含まれているので簡単につくることができる。単純な真空断熱容器（お湯を入れる魔法瓶とほぼ同じ構造の専用容器）での保存が可能で、製造コストも極めて低く、牛乳よりも安いくらいだ。このおかげで超伝導体を商業的に利用できるようになり、日本のリニアモーターカーのような技術で使われるようになった。

その後も引き続き、研究者たちは高温超伝導体を探している。これまでに発見された最高の臨界温度は、硫化水素 H_2S が示した203K（－70°C）だが、これは約150万気圧という超高圧下での温度である。いつか、室温で超伝導性を示す物質が発見されることを期待しよう。

↓**ハイテク**：日本でのリニアモーターカーの走行試験。超伝導リニアは今のところ超伝導技術の最大の応用例である。

CERNの科学者、反物質をつくる

反物質というと、SFの道具立てのように思うかもしれない。だが、標準模型（p160～163参照）で見たすべてのレプトンに対して、その反粒子が見つかっている。電荷の符号が異なるだけで、それ以外はまったく同じ性質をもつ。物質は、対応する反物質に出会うと、対消滅を起こして純粋なエネルギーへと変わる。1995年には、反物質をより詳細に調べることができる素晴らしいチャンスが訪れた。

反物質は自然界に存在するものであり、原子核などのさまざまなプロセスを通して常に生成されている（そして対消滅している）。反物質が存在することは1928年にポール・ディラック（1902～1984年）によって初めて理論的に示された。反電子（現在は陽電子と呼ばれる）が、電子に対する相対論的シュレーディンガー方程式（ディラック方程式と呼ばれる）における必然的な帰結であることが導かれたのだ。こういった反物質の発見が、標準模型の確立につながった。1932年に、霧箱という装置で宇宙線の飛跡を観測していたカール・デイヴィッド・アンダーソン（1905～1991年）が、電子と同じ質量で反対の符号をもつ粒子、つまり陽電子に気づいたのだ。

反物質は何の役に立つのか

物理学において、反物質の研究は本質的なものだ。反物質の働きや、物質と反物質との違いを探ることによって、この宇宙について多くのことが分かる。「無から始まったこの宇宙に、なぜ物質が存在するようになったのか」、「なぜ宇宙は反物質ではなく物質でできているのか」といった、人間のもつ最大の疑問への答えが得られるかもしれない。

反粒子を用いる技術はすでに実用化されている。陽電子放射断層撮影（PET検査）では、患者の体内における、陽電子の対消滅で放出されるエネルギーの様子が測定され、さまざまな潜在的な病変の診断に使用されている。反粒子を用いる研究はまだ初期段階だが、応用の可能性は幅広い。例えば、優れた新素材の開発、新たな診断方法や医療装置への応用、さらにはエネルギー源としての可能性も秘めている。

反物質のつくり方

多くの自然現象において反粒子は生成されるが、反粒子を正しく研究して活用するためには、まず反粒子を人工的につくる必要がある。反粒子は、1954年に建設されたベバトロンという装置で初めてつくられた。ベバトロンは巨大な円形の加速器である。1955年、加速した陽子を衝突させて反陽子を生成するのに成功した。1956年にはこの装置によって初めて反中性子もつくられている。

そんななか、CERNの物理学者が、それまでに発見されていたさまざまな反粒子の組み合わせである反物質の生成に乗り出した。実験的な生成に向けた研究が進み、1965年にCERNでの加速器実験により反重陽子（反陽子1つと反中性子1つで構成される）が生成された。そして、1995年にキセノンガスに反陽子を衝突させる実験が行われ、3週間で9個の反水素原子が確認されたのだ。

↑ **陽子加速器**：ベバトロン陽子加速器、1954年の撮影。1993年まで使われた。

反物質に関する大きな問題の1つが、その保管方法にある。1995年に生成された反水素は、対消滅で消えるまで約400億分の1秒しか存在できなかった。物質と接触するとすぐに壊れてしまうのだ。保管方法はいくつかあるが、最も一般的なのは、反物質の電荷を利用する方法だ。反物質は連続する磁場のなかで生成されるが、粒子が容器の中央位置でとどまるよう磁場を調整する。この方法により、2011年に反物質の16分間に及ぶ封じ込めに成功し、物理学者が時間をかけて観測することができた。

ハッブル宇宙望遠鏡、「深宇宙」を撮影

1995年12月18日から12月28日にかけてハッブル宇宙望遠鏡によって撮影された「深宇宙（ディープ・フィールド）」、それに続く「ウルトラ・ディープ・フィールド」と「エクストリーム・ディープ・フィールド」の画像は、息をのむような素晴らしい宇宙の姿を私たちに見せてくれる。

まち針をもって、その手を伸ばしてみよう。2003年にハッブル宇宙望遠鏡が探査した領域は、夜空のなかで、そのまち針の頭で隠れるほどの狭い範囲だった。シャッターを開いた望遠鏡は、約4カ月にわたって、かすかな光を集め続けた。観測対象は、それまで何も観測されたことも検出されたこともない「空っぽ」の領域だった。しかし、画像が現れると、信じられないほどの星と銀河の数々が浮かびあがった。

1995年の深宇宙の画像に写っていた天体のうち、近くの星は20個足らずだった（星は画像上で十字型の特徴的な光となるが、これは望遠鏡の構造により生じる形だ）。他に写っていたのは、何千億もの星を含む銀河や、星雲、惑星、ブラックホールなどである。この、空の2400万分の1の領域で、約3000個の銀河が発見された。つまり全宇宙には、銀河がおよそ7.2×10^{10}個存在すると見積もることができる。少し後に他の領域に対して撮影された画像でも同様の結果が得られたので、この概算値は信用できそうだ。

ハッブルの深宇宙（HDF）が重要なのは、宇宙の大きさを教えてくれるからだ。また、なぜ、そしてどのようにして、これほど多くの銀河が形成されたのか、その共通点は何かといった多くの問題を提起する。さらに、次の2つの大きな議論に対する証拠も与えてくれた。まず、遠く離れた銀河ほど、強い赤方偏移を受けていることが分かり、宇宙が一様に膨張するというハッブルの考えが裏づけられた。また、地球を含むこの銀河にはそれほど多くの恒星はないことから、ダークマターのMACHO理論（p138参照）への第一の反証となった。

2003年9月24日から2004年1月16日には、より狭い範囲に対してさらに詳細な画像が撮影され、1万もの天体の姿を映し出した。

100億年以上前の天体を見る

HDFで発見された天体の多くはかなり遠くにあるので、その光が私たちに届くまでにとても長い年月がかかる。HDFで私たちが見る光には、100億年以上前の

光も含まれている。銀河の多くはゆがんで奇妙な形をしていて、私たちの近くの銀河のような渦巻状にはまだなっていない。銀河の進化における各段階が観測できるので、銀河の形成やその運動について、また、銀河がその年齢に応じてどれほど多くの星を生み出すのかといったことについて、知ることができる。銀河は、ビッグバン後の数億年で突如として大量に生まれたとされる。そして、銀河の多くはこの時期に星の多くを生成した。銀河同士がぶつかり、融合して、より大きな銀河を形成したと考えられている。私たちの銀河や近くの銀河もそうであった。

↑ **ハッブル宇宙望遠鏡**：欧州宇宙機関からの財政的・技術的支援を受けて、NASA により開発された。

JET、核融合エネルギー生成の世界記録を樹立

核融合は未来のエネルギー源かもしれないが、簡単には達成できそうにない。核融合炉は現代における最大の技術的チャレンジであるが、1997年に欧州トーラス共同研究施設（JET）が生成エネルギーの世界記録を達成したことで、解決への糸口が見えた。

核融合はエネルギーを得るための完璧な方法のように思われる。温室効果ガスも核廃棄物も生じないし、反応後に生じるヘリウムや中性子にはさまざまな使い道がある。しかも、とてもよいエネルギー源であることはすでに分かっている。太陽や他のすべての恒星は核融合によってエネルギーを生み出しており、反応あたりに得られるエネルギーは、一般的な化学反応の約1000万倍に相当する。では、このエネルギーがまだ利用されていないのはなぜだろうか。

最大の問題は、核融合を行うには、極限的な環境が必要になるという点だ。原子核間の電気の反発力に打ち勝つだけのエネルギーを与えるためには、地球の大気圧の何十倍もの非常に高い圧力をかけて水素原子の密度を高め、温度を1億°C以上にしなければならない。核融合を引き起こすための、このような初期条件を整えるのが非常に難しい。さらに、核融合を継続させることも困難である。プラズマ化した水素の挙動（まだ完全には分かっていない）に異常が生じると反応を継続するだけのエネルギーが得られなくなり、短い時間しか反応が続かない。

JETとは何か

JETはトカマク型の核融合炉であり、原子炉内の空洞（核融合を起こす場所）は巨大なリング状である。その空洞部分で、水素が加熱・加圧されてプラズマとなり、磁場を利用してこのプラズマが封じ込められる。JETは1984年4月9日に公式に運転が開始され、核融合研究の中心的機関となった。1991年に、制御下における核融合エネルギーの生成に初めて成功

核融合エネルギーはどこからもたらされるのか

アインシュタインの方程式 $E = mc^2$ で見たように、原子核は結合エネルギーをもつ（原子核を構成する粒子の質量の総和よりも、原子核の質量が少ないのはそのためだ）。核融合で重要な役割を果たすのは、この結合エネルギーである。2つの水素原子が核融合によりヘリウム原子となった場合、結合エネルギーの差に応じた余剰エネルギーが放出されるのだ。

した。

1997年には、1秒足らずではあるが、16MW（メガワット）（16×10^6W）の出力を達成した。ちなみに、JETと同年にイギリスで開所したInce Bという石油火力発電所で使われている発電機の出力は500MWなので、同じ時間だけ発電したとしても、まだまだまったく敵わない。核融合は、クリーンで豊富なエネルギー源としてはまだ実用段階にはないが、JETは核融合によるエネルギー生産の最大値を達成しており、核融合発電の将来性を示している。

とはいえ、まだまだ解決すべき問題は多く、物理学者たちが全力を挙げて取り組んでいる。現在、次世代の核融合炉である ITER（イーター）（国際熱核融合実験炉）が南フランスで建設中である。2025年の運転開始時には、50MWの投入電力に対する500MWの出力を目指しており、実質450MWでのエネルギー出力が期待されている。これは、化石燃料を使う多くの稼動中の火力発電所に匹敵する電力である。2050年までに第1号となる商業用の核融合発電所が建設され、いずれ核融合エネルギーが世界中で使われるようになることが期待されている。

↑ **核融合エネルギー**：2001年に撮影されたJETのトカマク装置の内側。直径は6m足らず、稼動中は約100㎥のプラズマを保持する。

市民科学プロジェクト「Galaxy Zoo」始まる

コンピュータは素晴らしい研究用ツールであり、手計算では扱えないほどの大量のデータを処理してくれる。だが、現時点でのコンピュータには大きな問題がある。画像の認識があまりうまくないのだ。しかし、コンピュータを使わずに大量の画像データをどうすれば処理できるのだろう。そこに登場するのが市民科学者たちだ。

「市民科学」の発展は、スローン・デジタル・スカイ・サーベイとともに始まった。このプロジェクトの目的は、たくさんの専用望遠鏡を使い、可能な限り詳細に空を撮影してデータを集め、最も詳細な宇宙の地図を完成させることだった。しかし、膨大な量のデータをどう扱えばよいのか、科学者たちは途方に暮れていた。ある研究グループは、銀河の形成の仕組みとその理由についてさらに詳しく知るために、銀河を分類したいと考えていた。しかし、確認と分類が必要な銀河の画像は100万以上にのぼり、小さな研究グループでは到底手に負える量ではなく、またコンピュータも役には立たなかった。

そこで彼らは、2007年7月11日に「Galaxy Zoo」を立ち上げた。それは、一般の人に少しずつ銀河の分類を手伝ってもらうという市民科学プロジェクトだった。インターネットに接続できる人なら誰でも、「www.galaxyzoo.org」というウェブサイトにログインして簡単なトレーニングを受ければ、銀河の分類に参加できる。初期には、参加者は画像を見て、楕円銀河、渦巻銀河、銀河の合体のどれであるかを見分けるよう求められた（現在のプロジェクトはもう少し複雑になっている）。答えは集計されて、科学者がそれを元に研究できるようになる。画像は100万以上もあり、1つの画像に対して何十人もの確認が必要だったので、科学者たちはプロジェクト完了までに1年はかかるだろうと考えていた。しかし、立ち上げ後24時間のうちに、1時間で7万件が、1年後には5000万件が分類されたのだ。

Galaxy Zooはさらに進んだ形で現在も続けられており、あなたもサイトにアクセスすれば銀河の分類を手伝うことができる。このプロジェクトによって銀河の形成とその挙動に関する新たな発見がなされ、48以上の科学論文が書かれている。プロジェクトに参加したボランティアがこれまで知られていなかった天体を発見したケースもある。Galaxy Zooはすぐに評判となり人気を集め、類似の市民科学プロジェクトがいくつも立ち上げられた。

市民科学の広がり

市民科学は、最先端の研究に参加するきっかけを多くの人に与えるとともに、科学者にとっての有用なツールとなっている。ズーニバース（Zooniverse、Galaxy Zooから派生したポータルサイト）には

現在46のプロジェクトがあり、その目的は、超新星の探索からペンギンの追跡、火星の表面画像の特徴づけまでと幅広い。今や参加者は画像を分類するだけではない。例えば、英国キャンサー・リサーチのゲームアプリでは、宇宙船を操るプレイヤーがどのような経路を選んだかという情報が、癌の原因となる突然変異を起こした遺伝子の候補の発見に役立つのだという。

これらのプロジェクトの人気が示すのは、市民科学に参加したいという人々の熱心な思いによって、遺伝学や医学、天文学、動物学、さらには考古学などにおける研究が進んでいるということだ。コンピュータのパターン認識能力は向上しているが、まだしばらくは、普通の人々の科学に貢献したいという思いが必要である。ぜひ、興味のあるプロジェクトを探して参加してほしい！

↑ **天体観測**：棒渦巻銀河のNGC 1300。ハッブル宇宙望遠鏡による2004年の撮影。私たちに見えるようになった多くの銀河の1つだ。

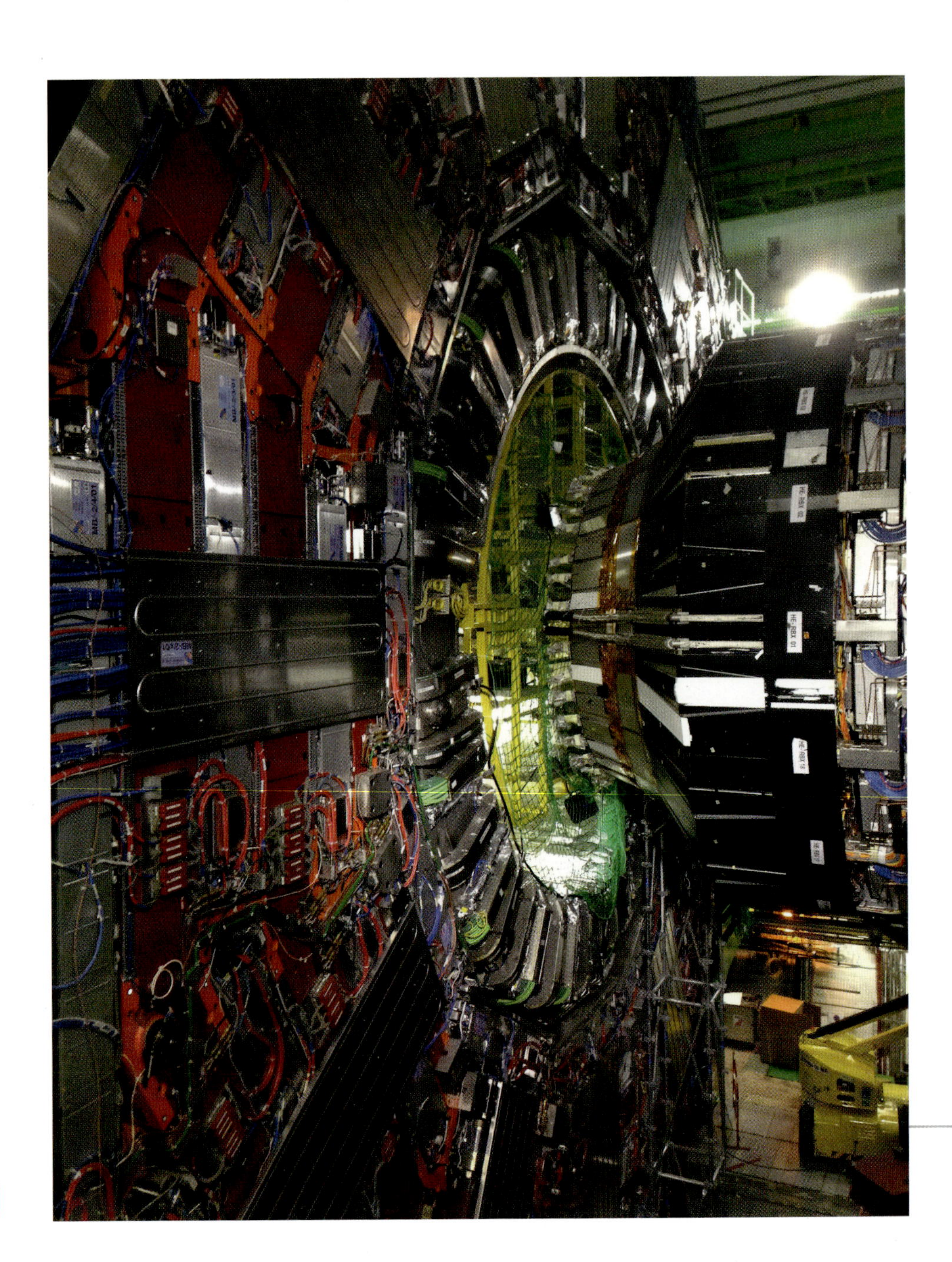

大型ハドロン衝突型加速器、本格稼動

大型ハドロン衝突型加速器（LHC）は、現在最も解明が望まれる問題を探るためにつくられた、過去最大規模かつ最も高価な物理実験装置である。実験の開始により、素粒子物理学の新時代の幕開けとなった。

スイスのジュネーブの近くに、フランスとの国境をまたいで全周27㎞の地下トンネルがあり、そこに巨大なLHCの装置が設置されている。直径1mほどのチューブの中央には直径6.3cmのビームパイプが2本、その周りを磁石や冷却パイプ、断熱材、アラインメント検出器、そのほかさまざまなものが取り囲んでいる。最大でビームあたり6.5兆電子ボルト（6.5TeV、テラは10^{12}）での加速が可能であり（＊訳注：計13兆電子ボルトの衝突となる）、粒子の衝突は4つの検出器のいずれかで観測される。装置は非常に繊細で、月の位置も考慮しなくてはならないほどだ。これらの検出器から年間約30ペタバイト（約3京バイト、ペタは10^{15}）のデータが世界最大級のコンピュータ・グリッドに送られ、さらに約200の計算機センターに分配される。そこで処理されたデータが、何万という研究者や研究機関に送られるのだ。建設費は総額約36億ユーロで、その設計と建設に1万人を超える科学者や技術者が携わった。

⊟LHC：2014年に撮影された、LHCの一部であるCMS検出器の内部。この1枚の写真からでも、LHCプロジェクトのスケールの大きさが伝わるだろう。

LHCを使った取り組みは、宇宙に関する根源的な疑問に答えようとするものだ。初期宇宙で何が起きたのか？　初期宇宙の極限的環境で粒子はどう振る舞うのか？　ヒッグス粒子は存在するのか？　LHCから得られるデータによって、さまざまな領域での研究が進むだろう。特に、一般相対性理論と量子力学の関係が明らかになれば、大統一理論や超対称性理論、余剰次元、さらにはダークマターについて、何か分かるかもしれない。LHCの主な目的とは、標準模型を検証し、存在すると考えられるすべての粒子と力を発見して、まだ理論化されていない部分についての証拠を得ることだ。

LHCは1998年から2008年にかけて建設されて2008年から稼動したものの、超伝導磁石にクエンチという問題が生じて中断された。磁石をつなぐケーブルに問題が発生し、その発熱により磁石の超伝導性が破れたのだ。そこから放電が起きて容器に穴が開いて、6トンの極低温の液体ヘリウムが漏れ出し、多くの磁石や周辺装置を破損した。修理が行われ、クエンチ保護システムが強化された。超伝導線は銅で取り囲まれており、クエンチ

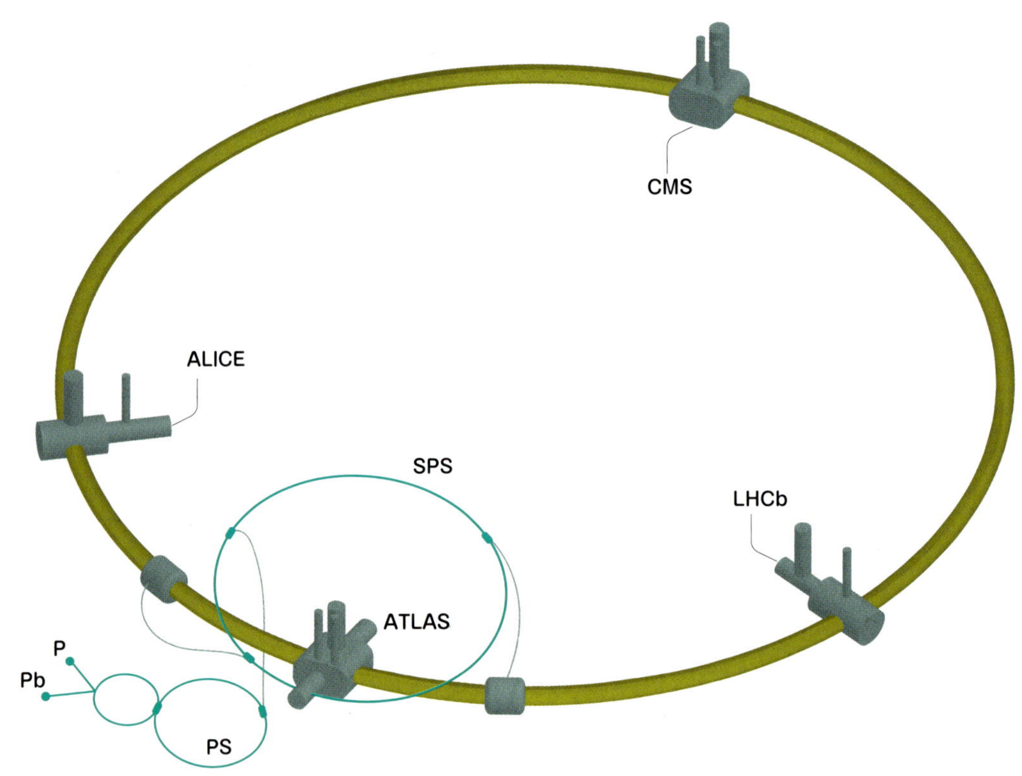

が起きた際に電流を銅に逃がす仕組みがあるが、その接続部分などが見直された。LHC の正常な動作が確認され、2010 年 3 月 30 日に実験が再開された。現在、最大値である 13 兆 eV で衝突させる場合、バンチという陽子の集団（1.1×10^{11} 個の陽子を含む）が 2808 個つくられ、2 本のビームパイプに半分ずつ入射される。加速された陽子は、LHC を 1 秒に 1 万 1245 周する速度に達する。逆方向に進むビームは 1 秒あたり約 6 億回衝突し、検出器でその様子が計測されるのだ。

LHC で分かったこと

最大にして最重要の発見は、ヒッグス粒子が存在する証拠が見つかったことだ。ヒッグス粒子とはクォークやレプトンに質量を与えるために考案された粒子である。1964 年にピーター・ヒッグス（1929 年～）によって提唱された。最近までその存在を示す証拠は何もなかったが、2013 年に、CERN の科学者が、質量が 126GeV/c^2 のヒッグス粒子を発見したと発表した。この粒子の存在を理論的に予想したヒッグスたちは 2013 年にノーベル賞を受賞している。ヒッグス粒子に関してはまだまだ分かっていないことも多いので、LHC の実験でさらに研究が進むことが期待されている。

↑ **大型ハドロン衝突型加速器**：CERN の素粒子加速器の模式図。主な 4 つの検出器（ALICE、ATLAS、LHCb、CMS）と、2 つの加速器（SPS と PS）がある。

LHCによって、まったく新しいタイプの粒子があることも確認された。クォークの結合の仕方はそれまで2通りと考えられてきた。クォークと反クォーク1個ずつで中間子をつくるか、3個のクォークで陽子や中性子などのバリオンをつくるかである。だが、LHCによって、X(3872)やZ(4430)のような不思議な新粒子があることが確認された。なんと、4つのクォークでできているのだ！　また、LHCによって生成されたクォーク・グルーオン・プラズマだが、ブラックホールと関係がある可能性があり、ブラックホールについて理解が進むことが期待される。ただ、こういった成功例はあるものの、LHCで裏づけが得られていない理論も多い。エーテルの存在を証明すると期待されたマイケルソン・モーリーの実験を思わせるが(p102～105参照)、LHCによって超対称性粒子（既存のボソンとフェルミ粒子に対し、スピンがずれただけで他は変わらない粒子）が発見されると期待されていたが観測されず、超対称性理論に対する否定的な見解が広がっている。

これまでに得られた実験データの解析もまだ終わっておらず、絶えず改良され続けているLHCでは新たな実験が次々と行われている。まったく新しいタイプの物理学が現れる兆しも見られる。今のところ、LHCによる実験結果は標準模型を裏づけているが、新たな発見につながる可能性もある。本書の執筆時点においても、LHCは、ベリリウム8の崩壊から新たなボソンを発見したとするハンガリーの研究チームの主張を確認するための準備をしている。もしLHCでボソンが発見されれば、自然界の「第5の力」が見つかるかもしれない。

ブラックホールで世界滅亡？

LHCの稼動前に、世界を滅亡させるブラックホールがつくられるかもしれないという怖い話が流布したのを憶えている人もいるだろう。陽子衝突でブラックホールが誕生する可能性について、大胆な予測をした科学者がいたことから生まれた説だ。理論的には起こりうるのだが、実際の危険性はまったくない。理由は2つある。まず、LHCで使われるエネルギーは、衝突からブラックホールが形成されるのに必要なエネルギーに達しない。次に、ブラックホールをつくるほどのエネルギーが使われたとしても、誕生したブラックホールは非常に小さく瞬時に蒸発してしまうので、危険が及ぶはずもないのだ。

重力波、100 年かけて検出される

重力波とは、時空そのもののゆがみの伝播であり、アインシュタインの一般相対性理論による最後の大きな予言だった。約 100 年の後にようやく検出されて、この宇宙を探検する新たな方法につながる扉が開かれた。

理論上、重力波は物体が加速度運動をすることにより放出される。しかし、重力は非常に弱い力であるので、重力波は非常に小さく検出しづらい。実際に私たちが観測できる重力波は、（少なくとも現在のところ）宇宙で生じる非常に強大な天体現象によるものに限られる。例えば、2 つの非常に高密度な天体（ブラックホールや中性子星など）による連星系や、超新星爆発などによるものである。

重力波は、1970 年代には連星パルサーの挙動のわずかな変化によって間接的には検出されていたのだが、十分な証拠とはいえなかった。2015 年 9 月 14 日に、重力波検出器 LIGO（下記参照）において、重力波の信号が検出され、信号は GW150914 と命名された。0.2 秒ほどの長さのこの信号は、地球から 1.3×10^{25}m 離れた位置にあった、それぞれが太陽の約 30 倍の質量をもつ 2 つのブラックホールが、互いの周りを回転しながら近づき、衝突して融合したときに放出したものだった。この現象で生じた重力波が、10 億年以上をかけて私たちのもとへ届いたのだ。

測定結果の検証と研究が行われた後、観測結果は 2016 年の初めに発表され、物理学界は喜びにわいた。一般相対性理論というパズルの最後のピースが見つかったことで、最有力の重力理論としての地位が確固たるものとなった。

LIGO とは何か

レーザー干渉計重力波天文台（LIGO）の拠点は、ルイジアナ州リビングストンにある。カルテクと MIT の共同研究事業として開始され、2008 年に英国科学技術施設会議とドイツのマックス・プランク協会も参加して、検出感度を高めた Advanced LIGO 検出器が導入された。全体で約 8 億 7400 万ポンドがこのプロジェクトに費やされている。

LIGO の構成は、マイケルソン・モーリーの実験の装置と驚くほどよく似ている (p102 ～ 105 参照)。まず、20W のレーザー光源から照射された光が、パワーリサイクリング鏡を通過する。この鏡は反射されて戻った光を再利用して、最大 700W の入射光をつくる。ビームスプリッターでその光は分けられ、厳密に同じ長

→ **精密な光学装置**：LIGO の重力波検出器で使われる光学装置。光線を反射する鏡などで構成される。

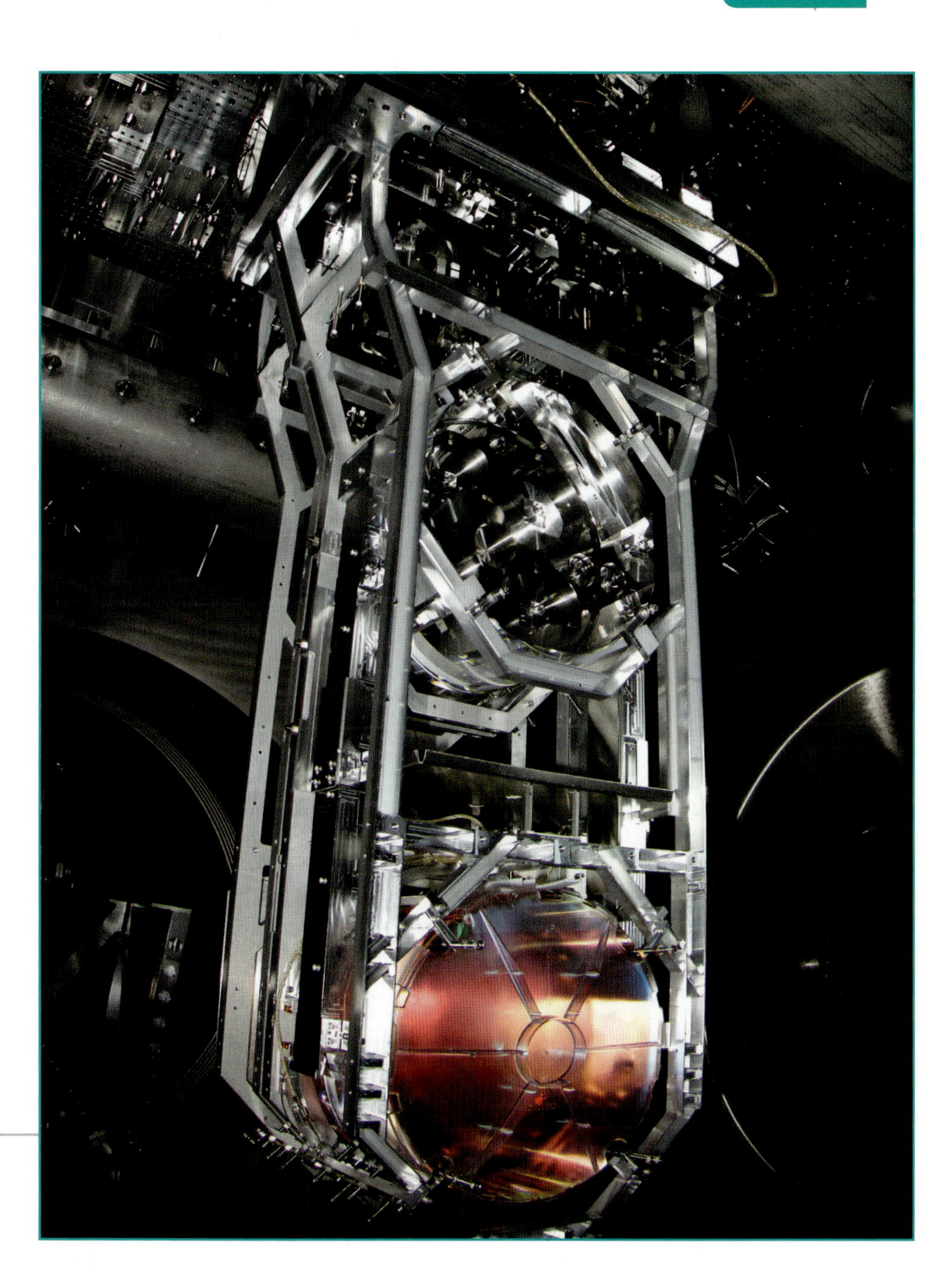

さ(4㎞)の2つのアームへと進む。各アームの端の完全反射鏡で反射され、同じ経路を戻る。各アームの途中の部分反射鏡で大部分の光は反射されて、またアームの端の鏡に送られて反射して……と、光はアームを行き来する。約280往復するので、両アームの実質的な長さは1120㎞といえる。

何もなければ、2本のレーザー光はアームを往復して、最終的に完全に位相が反転した状態で光検出器に到着するよう設計されている。つまり、2つの波が「弱めあう干渉」を生じて打ち消しあうので、光検出器で検出されない。だが、重力波が装置を通過した場合、アームごとに時空のゆがめられ方が異なる。光が進む距離が部分的に変わるため、光が検出器に入ったときに完全な逆位相ではなくなるので、干渉縞が現れるのだ。

重力波はとても弱いので、4㎞のアームを横切る重力波による長さの変化はわずか10^{-18}m程度であり、これは陽子の大きさの1000分の1にも満たない。つまり、検出の感度を非常に高くする必要がある。だが、その結果、常に生じている地面のかすかな振動や何キロも離れた場所を通る車による振動まで拾ってしまう。こういったノイズを軽減するために、真空で超低温の環境下で装置をつり下げている。また、LIGOの観測所は2カ所にある（リビングストンと、ワシントン州リッチランド）。重力波は光速で伝播するので、重力波は両方の観測所でまったく同様に観測されるが、重力波の到着には約10ミリ秒の差が生じ、重力波について検証し誤差を減らすことができる。また、正確な時間のずれと幾何学を使って、重力波の発生源を大まかに計算して特定できるようになる。

重力波の利用方法

現在、ほとんどあらゆる天文学研究で、

重力波を自宅で検出してみよう

回転する中性子星が完全な球対称ではない場合、重力波が放出されるので、これを検出できる可能性がある。表面に小さな隆起があるだけで、星の回転により小さな重力波が生まれる。1秒に1000回も回転する中性子星もあるので、小さいけれど一定の信号が生じることになる。この信号を探すこと自体は単純だが、非常に高度なコンピュータの処理能力が必要とされる。そこでLIGO研究グループが2005年に立ち上げたのが、Einstein@Homeというプロジェクトだ。これも形を変えた市民科学である。参加者が自分のコンピュータにソフトをダウンロードすると、コンピュータが何もしていない時間を使ってソフトが計算処理を行うのだ。220カ国以上、30万人以上がこのソフトをダウンロードしており、まるで巨大な分散型スパコンのように計算が行われている。処理能力が2PFLOPS（約2千兆FLOPS）を超えることもあり、世界でもかなり処理能力の高いスパコンである。興味があれば、参加してみよう。

完全反射鏡
ビームスプリッター
部分反射鏡
レーザー
パワーリサイクリング鏡
完全反射鏡
光検出器

電磁波が利用されている。昔の科学者は、最初は肉眼で、次に望遠鏡を使い、後には電磁スペクトルのさまざまな領域、例えば赤外線領域やマイクロ波を使うようになった。新しい観測手段が加わるたびに、宇宙に関する知識が増えた。重力波は、私たちが天空を観察するための次のツールになる可能性がある。重力波には何物にも遮られないという利点がある。光は星間塵雲や惑星に遮られるかもしれないが、重力波なら形を変えることなく物質を透過する。つまり、普通なら見えない場所も観測できるかもしれない。電磁波は、過去のある時点にその始まりがある。具体的には宇宙の再結合期（宇宙の晴れ上がり）であり、光子が初めて直進できるようになったときである。つまり、電磁波では、そのときより前の事象を観測できないのだ。しかし、重力波は、それ以前から存在した可能性がある。重力波を使い、再結合期に生じた宇宙マイクロ波背景放射（CMB）を調べることで、さらに過去の宇宙のことが何か分かるかもしれない。

↑ **重力によるゆがみ**：重力波が存在すれば、2つの光線は完全な逆位相からずれることになる。

ただ、重力波には非常に弱いという問題があり、前述した連星系や超新星爆発のような、極度に質量の大きい天体に関係した現象の観測でしか使えない。だが、これらの現象の重力波に限られるとしても、宇宙の仕組みについて多くのことが分かるはずだ。まだまだ、やるべきことはたくさんあり、多くの秘密が解き明かされるのを待っている。

索引

アルファベット

あ

か

さ

た

な

は

ま

や

ら

わ

図・写真クレジット

17	© Creative Commons ｜ Fae
21	© Leemage
33	© Photoresearchers Inc
53	© Universal Images Group
57	© Andrew Dunn ｜ Creative Commons
60	© Christie's Images ｜ Bridgeman Images
65	© Getty Images
69	© Royal Astronomical Society ｜ Science Photo Library
76	© North Wind Picture Archives ｜ Alamy Stock Foto
82	© Science & Society Picture Library
91	© Popperfoto
92	© Bettmann
97	© Stefano Bianchetti
103 左	© Science & Society Picture Library
103 右	© Emilio Segre Visual Archives ｜ American Institute Of Physics ｜ Science Photo Library
104	© Emilio Segre Visual Archives ｜ American Institute Of Physics ｜ Science Photo Library
129	© Getty Images
132	© Margaret Bourke-White
135	© Alfred Eisenstaedt
137	© Bettmann
141	© Bettmann
147	© Emilio Segre Visual Archives ｜ American Institute Of Physics ｜ Science Photo Library
151	© Joe Munroe
156	© University Corporation For Atmospheric Research/ Science Photo Library
159	© Argonne National Laboratory ｜ Creative Commons
161	© Joi ｜ Creative Commons
165	© Saruno Hirobano ｜ Creative Commons
167	© Ullstein Bild
171	© Efda-Jet/Science Photo Library
174	© Tighef ｜ Creative Commons
179	© Caltech ｜ MIT ｜ LIGO Lab ｜ Science Photo Library

世界の歴史を変えた スゴイ物理学50

2018年11月26日　初版1刷発行

著者　ジェームズ・リーズ
訳者　藤崎百合
（翻訳協力　株式会社トランネット）

DTP　高橋宣壽

発行者　荒井秀夫
発行所　株式会社ゆまに書房
東京都千代田区内神田2-7-6
郵便番号　101-0047
電話　03-5296-0491（代表）

ISBN978-4-8433-5403-2 C0042

落丁・乱丁本はお取替えします。
定価はカバーに表示してあります。
Printed and bound in China